Guia Prático de Radiologia
Posicionamento Básico

Marcelo Felisberto

Guia Prático de Radiologia
Posicionamento Básico

2ª Edição

Av. das Nações Unidas, 7221, 1º Andar, Setor B
Pinheiros – São Paulo – SP – CEP: 05425-902

SAC 0800-0117875
De 2ª a 6ª, das 8h00 às 18h00
www.editorasaraiva.com.br/contato

Diretora executiva	Flávia Alves Bravin
Diretora editorial	Renata Pascual Müller
Gerente editorial	Rita de Cássia S. Puoço
Editora de aquisições	Rosana Ap. Alves dos Santos
Editoras	Paula Hercy Cardoso Craveiro
	Silvia Campos Ferreira
Assistente editorial	Rafael Henrique Lima Fulanetti
Produtores editoriais	Camilla Felix Cianelli Chaves
	Laudemir Marinho dos Santos
Assistente de produção	Katia Regina Pereira
Serviços editoriais	Juliana Bojczuk Fermino
	Kelli Priscila Pinto
	Marília Cordeiro
Revisão	Marlene Teresa S. Alves
	Carla de Oliveira Morais
Ilustrações	Eduardo Borges
Capa	Maurício S. de França
Impressão e acabamento	Meta Brasil

DADOS INTERNACIONAIS DE CATALOGAÇÃO NA PUBLICAÇÃO (CIP)
(CÂMARA BRASILEIRA DO LIVRO, SP, BRASIL)

Felisberto, Marcelo
    Guia prático de radiologia: posicionamento básico / Marcelo Felisberto. -- 2. ed. -- São Paulo: Iátria, 2009.

    Bibliografia.
    ISBN 978-85-7614-052-8

    1. Radiografia médica - Posicionamento 2. Radiologia médica I. Título.

09-03971

CDD 616.07572
MLN-WN 100

Índices para catálogo sistemático:
1. Posicionamento: Radiografia médica: Radiologia : Medicina 616.07572

Copyright © 2007 da Iátria, uma divisão da Editora Érica Ltda.
Todos os direitos reservados.

2ª edição
10ª tiragem: 2018

Nenhuma parte desta publicação poderá ser reproduzida por qualquer meio ou forma sem a prévia autorização da Saraiva Educação. A violação dos direitos autorais é crime estabelecido na lei nº 9.610/98 e punido pelo artigo 184 do Código Penal.

| CO | 15516 | CL | 640095 | CAE | 572086 |

Dedicatória

Aos meus familiares e amigos, em especial à minha querida esposa e filhas, que são a inspiração e a energia que necessito para seguir em frente.

"Mais vale a paciência que o heroísmo,
mais vale quem domina seu coração,
do que aquele que conquista uma cidade."

Provérbios 16,32

Agradecimentos

Muitos foram os amigos que de várias formas contribuíram para a elaboração deste trabalho. A todos agradeço pelo carinho, apoio, incentivo e pelas críticas à sua realização.

Siglas Utilizadas no Livro

AP	-	anteroposterior
ATM	-	articulação temporomandibular
CAE	-	conduto auditivo externo
DFoFi	-	distância foco-filme
EIAS	-	espinha ilíaca anterossuperior
LCE	-	linha central da estativa
LCM	-	linha central da mesa
LGA	-	linha glabeloalveolar
LIOM	-	linha infraorbitomeatal
LIP	-	linha interpupilar
LMM	-	linha mentomeatal
LOM	-	linha orbitomeatal
MAE	-	meato acústico externo
OAD	-	oblíqua anterior direita
OAE	-	oblíqua anterior esquerda
OPD	-	oblíqua posterior direita
OPE	-	oblíqua posterior esquerda
PA	-	posteroanterior
PHA	-	plano horizontal alemão
PMS	-	plano mediossagital
PVO	-	plano vertical do ouvido
RC	-	raio central

Sumário

Membro Superior 17
    Mão e Punho 17
    Mão - PA 18
    Mão - Oblíqua 18
    Mão - Perfil 19
    Dedo da Mão - PA 19
    Dedo da Mão - Oblíqua 20
    Dedo da Mão - Perfil 20
    Polegar - PA 21
    Polegar - Perfil 21
    Polegar - AP 22
    Mão e Punho (Idade Óssea) 22
    Punho - AP 23
    Punho - Perfil 23
    Punho - PA 24
    Punho - Oblíqua: Externa 24
    Punho - Oblíqua: Interna 25
    Flexão Ulnar 25
    Flexão Radial 26
    Canal do Carpo: Inferossuperior (Método de Gaynor-Hart) 26
    Canal do Carpo: Superoinferior 27
    Ponte do Carpo 27
    Punho - Flexão Perfil 28
    Punho - Extensão Perfil 28
    Punho - PA Ampliado 29
    Punho para Escafoide 29
    Antebraço - AP 30
    Antebraço - Perfil 30
    Cotovelo 31
    Cotovelo - AP 32
    Cotovelo - Perfil 32
    Cotovelo - Oblíqua: Interna 33
    Cotovelo - Oblíqua: Externa 33
    Cotovelo - Flexão Aguda (Método de Jones - Porção Distal do Úmero) 34
    Cotovelo - Flexão Aguda: para Antebraço Proximal 34
    Cotovelo Axial de Olécrano: Superoinferior 35
    Túnel do Cotovelo 35
    Úmero 36

Úmero - AP 36
Úmero - Perfil: Posição 1 37
Úmero - Perfil: Posição 2 37
Ombro 38
Ombro - AP: Rotação Neutra 39
Ombro - AP: Rotação Interna 39
Ombro (Técnica de Rockwood) 40
Ombro (Incidência de Zanca) 40
Ombro Axial Inferossuperior (Método de Lawrence) 41
Ombro - Perfil de Escápula (Método de Neer) 41
Ombro - Oblíqua Apical (Método de Garth) 42
Ombro (Incidência de Striker) 42
Ombro - Axial Inferossuperior (Método de West Point) 43
Ombro (Incidência de Velpeau View) 43
Ombro - AP: Rotação Externa 44
Ombro para Cavidade Glenoide (Método de Grashey) 44
Ombro - Perfil Transtorácica (Método de Lawrence) 45
Ombro - Perfil de Escápula 45
Ombro Tangencial - Sulco Intertubercular (Método de Fisk) 46

Membro Inferior 47
Pé 47
Primeiro Artelho - AP 48
Primeiro Artelho - Perfil 48
Primeiro Artelho - Oblíqua 49
Artelhos Sesamoides - Tangencial: Inferossuperior 49
Artelhos Sesamoides - Tangencial: Superoinferior 50
Pé - AP 50
Pé - Perfil: Lateral 51
Pé - Perfil: Medial 51
Pé - Oblíqua 52
Pé - AP com Carga 52
Pé - Perfil com Carga 53
Pé Completo/Pé sem Perna 54
Calcâneo Axial Plantodorsal 55
Calcâneo - Perfil 55
Perna 56
Perna - AP 56
Perna - Perfil 57
Tornozelo - AP 57

Tornozelo - Perfil 58
Tornozelo - Oblíqua: Interna 58
Tornozelo - Oblíqua: Externa 59
Inversão do Tornozelo - AP 59
Eversão do Tornozelo - AP 60
Joelho.. 61
Joelho - AP 62
Joelho - Perfil 62
Joelho - Oblíqua: Interna... 63
Joelho - Oblíqua: Externa 63
Túnel do Joelho - PA (Tunnel View): Fossa Intercondiliana (Método de Camp Coventry) . 64
Método de Holmblad: Flexão de 60° a 70°... 64
Joelho - AP Axial: Fossa Intercondiliana 65
Joelho - Axial de Patela (30°, 60° e 90°).. 65
    Ângulo de 60° 66
    Ângulo de 90° 66
Patela - PA 67
Patela - Perfil 67
Patela - Tangencial Axial Bilateral... 68
Joelho - Bilateral com Carga 68
Fêmur.. 69
Fêmur - AP 69
Fêmur - Perfil 70
Escanometria dos Membros Inferiores... 71

Cíngulos - Escapular 73
Clavícula - AP... 73
Clavícula - AP Axial 73
Articulação Acromioclavicular Bilateral - com e sem Peso 74
Escápula - AP... 74
Escápula - Perfil 75

Cíngulos - Pélvico.. 76
Pelve 76
Pelve - AP 77
Pelve (Incidência de Van Rosen) 77
Pelve (Incidência de Ferguson).. 78
Pelve Perna de Rã (Método de Cleaves Modificado).. 78
Pelve Axial - AP de "Saída" (Método de Taylor) 79
Pelve Axial - AP de "Entrada" 79
Axial de Sínfise Púbica.. 80

Quadril - AP 80
Quadril - Perfil Alar... 81
Forame Obturatriz - AP 81
Forame Obturatriz - PA 82
Incidência Axiolateral: Inferossuperior (Método de Danelius-Miller) 82

Esqueleto Axial.. 83
Coluna Vertebral 83
Coluna Cervical - AP 85
Coluna Cervical - Oblíqua.. 85
Coluna Cervical - Perfil 86
Coluna Cervical/Perfil de Nadador (Transição Cervicodorsal)............................... 86
Atlas e Áxis (Boca Aberta e Boca Fechada) 87
Coluna Cervical - Hiperflexão.. 87
Coluna Cervical - Hiperextensão... 88
Coluna Cervical com Mastigação (Técnica de Ottonello)...................................... 88
Vértebra Torácica 89
Coluna Torácica - AP 89
Coluna Torácica - Perfil 90
Coluna Torácica - Oblíqua 90
Transição Dorsolombar - AP 91
Transição Dorsolombar - Perfil 91
Coluna para Escoliose (Inclinação para a Direita e para a Esquerda) 92
Vértebra Lombar 93
Coluna Lombar - AP 93
Coluna Lombar - Perfil 94
Coluna Lombar - Oblíqua 94
Coluna Lombar - Perfil (Hiperflexão)... 95
Coluna Lombar - Perfil (Hiperextensão).. 95
Articulação L5/S1 - AP 96
Articulação L5/S1 - Perfil 96
Sacro.. 97
Sacro - AP.. 97
Sacro - Perfil 98
Cóccix - AP 98
Cóccix - Perfil 99

Tronco Pulmonar 101
Costelas.. 101
Costelas - AP.. 102

Costelas - PA 102
Costela Oblíqua - Anterior Esquerda 103
Costela Oblíqua - Posterior Direita 103
Esterno 104
Esterno - Oblíqua (OAD) 105
Esterno - Perfil 105
Tórax: Pulmões 106
Tórax - AP 107
Tórax - PA 107
Tórax - Perfil 108
Tórax Lordótica - AP 108
Tórax - Decúbito Lateral (para Pesquisa de Derrame Pleural) 109
Tórax - Decúbito Lateral (para Pesquisa de Pneumotórax) 109
Tórax - Oblíqua Anterior Direita 110
Tórax - Oblíqua Anterior Esquerda 110
Tórax - Oblíqua Posterior Direita 111
Tórax - Oblíqua Posterior Esquerda 111
Ápice Axial 112
Cúpulas Diafragmáticas - AP 112

Abdome 113
Regiões e Planos do Abdome 114
Estômago: Posições e Contorno 115
Abdome Simples - AP 115
Abdome Ortostático 116
Abdome - Decúbito Lateral 116

Crânio e Ossos da Face 117
Crânio 117
Crânio - AP 119
Crânio - Perfil 119
Crânio - PA (Método de Granger) 120
Crânio - PA (Método de Mahoney) 120
Crânio - PA (Método de Fuc) 121
Crânio Towne Axial 121
Crânio Axial Hirtz (Submento Vértice) 122
Crânio Axial Hirtz (Vértice Submento) 122
Crânio (Método de Worw) 123
Crânio (Método de Alstchul) 123
Crânio (Método de Bretton) 124

Canal Óptico 1 (Método de Rhese) 124
Canal Óptico (Método de Waters Modificado) 125
ATM - AP 125
ATM - Axial Lateral Oblíqua (Método de Law Modificado) 126
ATM - Oblíqua (Método de Schüller) 126
Ossos da Face - PA (Método de Waters) 127
Ossos da Face - Perfil 127
Ossos da Face - PA (Método de Caldwell) 128
Arco Zigomático Hirtz (SMV) Posição 1 (Ortostático) 128
Posição 2 (Decúbito Dorsal) 129
Arco Zigomático (Método de Waters) 129
Arco Zigomático - Axial AP (Método de Towne Modificado) 130
Arco Zigomático - Perfil 130
Seios Paranasais - PA (Método de Caldwell) 131
Seios Paranasais - PA (Método de Waters) 131
Seios Paranasais - Perfil 132
Seios Paranasais (Método de Hirtz) 132
Mandíbula 133
Mandíbula - PA 134
Mandíbula - Oblíqua 134
Mandíbula - Oblíqua 45° para o Mento 135
Mandíbula Axial - AP (Método de Towne) 135
Mandíbula (Método de Hirtz) 136
Mastoide Oblíqua Axiolateral (Método de Law) 136
Mastoide - Perfil Posterior (Método de Stenvers) 137
Mastoide Axial AP (Método de Towne) 137
Mastoide Oblíqua Axioposterior (Método de Mayer) 138
    Vista Lateral 138
    Vista Superior 138
Sela Turca Axial AP (Método de Towne) 139
Sela Turca - Perfil 139
Dorso de Sela Turca - PA (Método de Haas) 140
Ossos Nasais - Perfil 140
Ossos Nasais - Incidência Axial Tangencial 141
Ossos Nasais (Método de Waters) 141
Cavum - Boca Aberta 142
Cavum - Boca Fechada 142

Bibliografia 143

Marcas Registradas 144

Apresentação

Numa época na qual se questiona a adequação do ensino, em todos os níveis, é oportuno oferecer aos profissionais técnicos e tecnólogos em radiologia um instrumento que possa contribuir eficientemente para uma formação adequada.

No desenvolvimento das várias partes anatômicas e suas respectivas posições, o Guia Prático de Radiologia divide-se em três partes: esqueleto apendicular, cíngulos e esqueleto axial.

Ao abordar o esqueleto apendicular, formado pelos membros superiores e inferiores, introduz as posições dos membros superiores, que incluem mão, punho, antebraço, cotovelo, úmero e ombro. Já nos membros inferiores trata das posições de pé, tornozelo, perna, joelho e fêmur e suas respectivas indicações clínicas.

Um segmento anatômico de grande importância que liga o esqueleto apendicular ao esqueleto axial é chamado de cíngulo, o qual foi separado em duas partes: escapular e pélvico. O primeiro apresenta as posições de clavícula e escápula, classificadas morfologicamente como osso longo e osso irregular. O pélvico oferece as várias posições de pelve, quadril e articulação coxofemoral.

O esqueleto axial é considerado a região anatômica mais importante do corpo humano. Dele participam os ossos da face e do crânio, que recobre o cérebro; a coluna vertebral, que protege a medula espinhal e forma uma espécie de canal para alojá-la e distribuir as várias terminações nervosas a todo o corpo. Fazem parte também o tronco pulmonar, no qual se encontram os pulmões, órgãos essenciais para a respiração, e o coração, que bombeia o sangue, levando nutrientes e oxigênio às células, além de drenar todos os metabólicos e o gás carbônico. Por fim, envolve ainda a região abdominal, que abriga alguns órgãos acessórios e é o local onde ocorre a absorção e a eliminação dos alimentos.

Sabendo que a qualidade do ensino depende fundamentalmente de fatores como a figura humana do professor, a metodologia de ensino e o instrumento de trabalho, o Guia Prático de Radiologia contribui para enriquecer o ensino no País.

O autor

Sobre o Autor

Marcelo Felisberto nasceu na capital de São Paulo. Técnico em Radiologia, cursou Radiologia Médica no Colégio Técnico João Paulo I com especialização em tomografia computadorizada, exames contrastados e possui cursos de proteção radiológica. Graduando do curso de Farmácia na Universidade Nove de Julho.

Com vasta experiência na área de radiologia, trabalhou em vários hospitais, como o Hospital São Paulo (UNIFESP) e o Hospital Estadual de Serraria (UNIFESP).

Atualmente exerce suas atividades no Hospital Real Benemérita - Associação Portuguesa de Beneficência e também na rede pública.

Membro Superior

Mão e Punho

Fileira distal
1 Trapézio
2 Trapezoide
3 Capitato
4 Hamato

Fileira proximal
5 Escafoide
6 Semilunar
7 Piramidal
8 Pisiforme
9 Metacarpos
10 Falanges proximais
11 Falanges mediais
12 Falanges distais

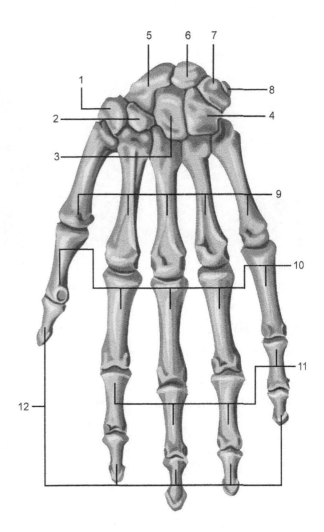

Mão - PA

Sentar o paciente próximo à extremidade da mesa e flectir o cotovelo até formar um ângulo de 90°. Colocar a mão e o punho afetado sobre o chassi. RC perpendicular ao filme na direção do terceiro metacarpo. Chassi 24x30; dividir em duas partes na transversal. DFoFi 100 cm, sem bucky.

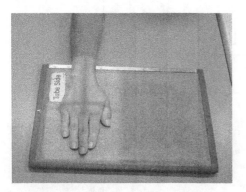
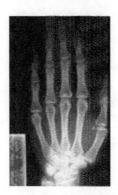

| Indicações
| Fratura, luxação, osteoporose, osteoartrite e outros.

Mão - Oblíqua

Sentar o paciente próximo à extremidade da mesa e flectir o cotovelo até formar um ângulo de 90°. Colocar a mão sobre o chassi em um ângulo de 45° em relação ao filme. RC perpendicular na direção do terceiro metacarpo. Chassi 24x30; dividir em duas partes na transversal. DFoFi 100 cm, sem bucky.

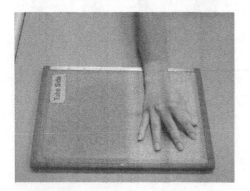
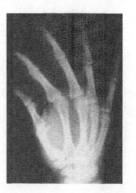

| Indicações
| Fratura, luxação, osteoporose, osteoartrite e outros.

Membro Superior

Mão - Perfil

Sentar o paciente próximo à extremidade da mesa. Flectir o cotovelo até formar um ângulo de 90°. Colocar a mão e o punho sobre o chassi na posição de perfil absoluto. RC perpendicular ao filme, na direção do terceiro metacarpo. Chassi 24x30; dividir em duas partes na transversal. DFoFi 100 cm, sem bucky.

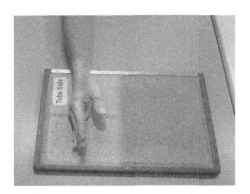

Indicações
Fratura, corpo estranho e outros.

Dedo da Mão - PA

Sentar o paciente próximo à extremidade da mesa. Flectir o cotovelo até formar um ângulo de 90°. Colocar o dedo afetado sobre o chassi. RC perpendicular ao filme, na direção central do dedo. Chassi 13x18 ou 18x24. O primeiro chassi deve dividir-se na longitudinal e o segundo em três partes na transversal. DFoFi 100 cm, sem bucky.

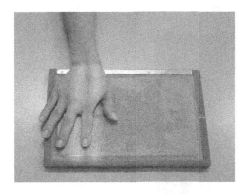

Indicações
Fratura, luxação, osteoporose, osteoartrite e outros.

Dedo da Mão - Oblíqua

Sentar o paciente próximo à extremidade da mesa. Flectir o cotovelo até formar um ângulo de 90°. Colocar o dedo afetado sobre o chassi em um ângulo de 45° em relação ao filme. RC perpendicular ao filme, na direção central do dedo afetado. Chassi 13x18 ou 18x24. Dividir o primeiro chassi na longitudinal e o segundo na transversal em três partes. DFoFi 100 cm, sem bucky.

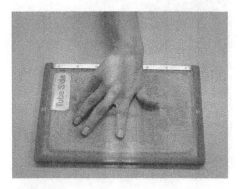

Indicações
Fratura, luxação, osteoporose, osteoartrite e outros.

Dedo da Mão - Perfil

Sentar o paciente próximo à extremidade da mesa. Flectir o cotovelo até formar um ângulo de 90°. Colocar o dedo afetado no chassi, na posição perfilada. RC perpendicular ao filme, na direção central do dedo afetado. Chassi 13x18 ou 18x24. Dividir o primeiro chassi na longitudinal e o segundo na transversal. DFoFi 100 cm, sem bucky. Utilizar o mesmo critério de posicionamento do segundo ao quinto dedo.

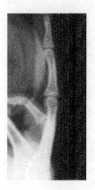

Indicações
Fratura, luxação, osteoporose, osteoartrite e outros.

Membro Superior

Polegar - PA

Sentar o paciente próximo à extremidade da mesa. Flectir o cotovelo até formar um ângulo de 90°. Colocar o dedo no chassi na posição perfilada e desassociar o polegar dos demais dedos. RC perpendicular ao filme, na direção central da falange. Chassi 13x18 ou 18x24. Dividir o chassi em três partes na transversal. DFoFi 100 cm, sem bucky.

Indicações
Fratura, luxação, osteoporose, osteoartrite e outros.

Polegar - Perfil

Sentar o paciente próximo à extremidade da mesa. Flectir o cotovelo até formar um ângulo de 90°. Colocar o polegar na posição de perfil, como mostra a figura seguinte. RC perpendicular ao filme, na direção central do polegar. Chassi 13x18 ou 18x24. Dividir o primeiro chassi na longitudinal e o segundo na transversal em três partes. DFoFi 100 cm, sem bucky.

Indicações
Fratura, luxação, osteoporose, osteoartrite e outros.

ESQUELETO APENDICULAR

Membro Superior

Polegar - AP

Sentar o paciente próximo à extremidade da mesa. Nessa posição, o punho sofre uma leve rotação, até a parte posterior do polegar ficar em contato com o filme. RC perpendicular ao filme, na direção central do polegar. Chassi 13x18 ou 18x24. Dividir o primeiro chassi na longitudinal e o segundo na transversal em três partes. DFoFi 100 cm, sem bucky.

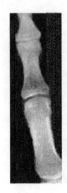

Indicações
Fratura, luxação, osteoporose, osteoartrite e outros.

Mão e Punho (Idade Óssea)

Sentar o paciente próximo à extremidade da mesa. Colocar a mão e os punhos (direito e esquerdo) sobre o chassi, conforme a figura seguinte. RC perpendicular ao filme, na direção central do chassi. Chassi 24x30, transversal e panorâmico. DFoFi 100 cm, sem bucky.

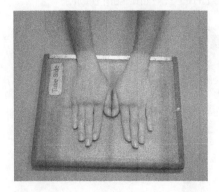
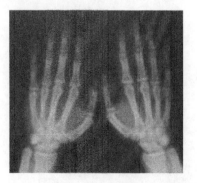

Indicação
Idade de crescimento.

Membro Superior

Punho - AP

Sentar o paciente próximo à extremidade da mesa. Colocar o antebraço estendido e a parte posterior do punho afetado sobre o chassi. Deixar o cotovelo e o punho no mesmo plano horizontal. RC perpendicular, na direção central do punho. Chassi 13x18 ou 18x24. Dividi-lo em duas partes na transversal. DFoFi 100 cm, sem bucky.

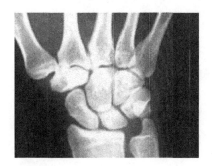

Indicações
Fraturas nos ossos do carpo, porção distal do rádio e da ulna, artrite e outros.

Punho - Perfil

Sentar o paciente próximo à extremidade da mesa. Flectir o cotovelo até formar um ângulo de 90° entre o braço e o antebraço. Colocar o punho em perfil absoluto sobre o chassi, com uma leve rotação medial de 5°. RC perpendicular, na direção central do punho. Chassi 13x18 ou 18x24; dividir em duas partes na transversal. DFoFi 100 cm, sem bucky.

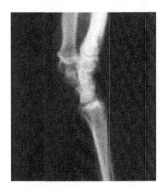

Indicações
Fraturas, luxações no rádio e na ulna, artrite e outros.

Punho - PA

Sentar o paciente próximo à extremidade da mesa. Flectir o cotovelo até formar um ângulo de 90° entre o braço e o antebraço. Colocar a parte anterior do punho em contato com o filme. RC perpendicular, na direção central do punho. Chassi 13x18 ou 18x24; dividir em duas partes na transversal. DFoFi 100 cm, sem bucky.

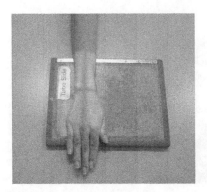
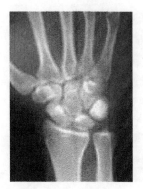

Indicações
Fraturas nos ossos do carpo, porção distal do rádio e da ulna, artrite e outros.

Punho - Oblíqua: Externa

Sentar o paciente próximo à extremidade da mesa, com o braço estendido e o punho sobre o chassi. A partir da posição AP do punho, rodar o punho no sentido medial até formar um ângulo de 45°. RC perpendicular, na direção central do punho. Chassi 13x18 ou 18x24; dividir em duas partes na transversal. DFoFi 100 cm, sem bucky.

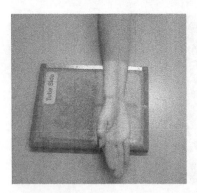
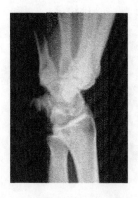

Indicações
Fraturas nos ossos do carpo, porção distal do rádio e da ulna, artrite e outros.

Membro Superior

Punho - Oblíqua: Interna

Sentar o paciente próximo à extremidade da mesa. Flectir o cotovelo até formar um ângulo de 90°. A partir da posição PA do punho, rodar o punho no sentido lateral até formar um ângulo de 45°. RC perpendicular, na direção central do punho. Chassi 13x18 ou 18x24; dividir em duas partes na transversal. DFoFi 100 cm, sem bucky.

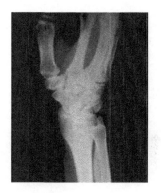

Indicações
Fraturas nos ossos do carpo, porção distal do rádio e da ulna, artrite e outros.

Flexão Ulnar

Sentar o paciente próximo à extremidade da mesa. Flectir o cotovelo até formar um ângulo de 90°. A partir da posição PA do punho, sem mover o antebraço, flexionar o punho na direção da ulna. RC perpendicular, na direção central do punho. Chassi 13x18 ou 18x24; dividir em duas partes na transversal. DFoFi 100 cm, sem bucky.

Indicação
Fratura de escafoide.

Flexão Radial

Sentar o paciente próximo à extremidade da mesa. Flectir o cotovelo até formar um ângulo de 90°. A partir da posição PA do punho, sem mover o antebraço, flexionar o punho na direção do rádio. RC perpendicular, na direção central do punho. Chassi 13x18 ou 18x24; dividir em duas partes na transversal. DFoFi 100 cm, sem bucky.

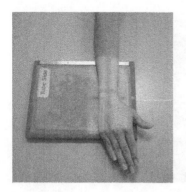
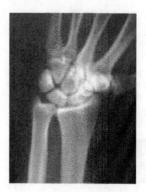

Indicações
Fraturas dos ossos do carpo (semilunar, piramidal, pisiforme e hamato).

Canal do Carpo: Inferossuperior (Método de Gaynor-Hart)

Sentar o paciente próximo à extremidade da mesa. Com o braço estendido, pedir ao paciente que hiperestenda o punho (puxando os dedos para trás com o auxílio de uma faixa) o máximo possível. RC angulado 25 a 30° na direção de 2,5 cm, distal da base do terceiro metacarpo. Chassi 18x24; dividir em duas partes na transversal. DFoFi 100 cm, sem bucky.

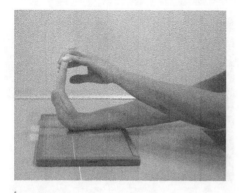
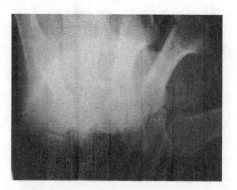

Indicações
Fraturas dos ossos do carpo (hamato, pisiforme e trapézio) e túnel do carpo.

Membro Superior

ESQUELETO APENDICULAR

Canal do Carpo: Superoinferior

Colocar o paciente em pé próximo à mesa e apoiar a palma da mão sobre o chassi. Pedir que hiperestenda o punho, inclinando o corpo para frente o máximo possível. RC perpendicular tangenciando o canal médio carpiano. Chassi 18x24; dividir em duas partes na transversal. DFoFi 100 cm, sem bucky.

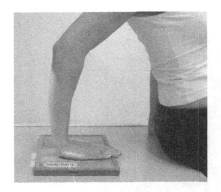
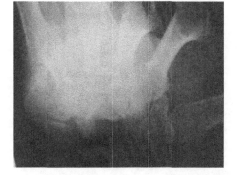

Indicações
Fraturas dos ossos do carpo.

Ponte do Carpo

Sentar o paciente próximo à extremidade da mesa. Pedir para colocar a parte dorsal da mão sobre o chassi e flexionar o punho o máximo possível. RC angulado 45° na direção distal do antebraço. Chassi 18x24; dividir em duas partes na transversal. DFoFi 100 cm, sem bucky.

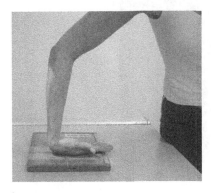
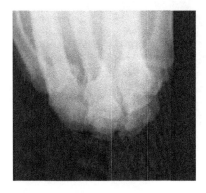

Indicações
Calcificações e outros.

Punho - Flexão Perfil

Sentar o paciente próximo à extremidade da mesa. Flectir o cotovelo até formar um ângulo de 90°. Colocar o punho na posição de perfil absoluto. Sem mover o antebraço, flexionar o punho o máximo possível (até que a face palmar fique próxima da parte anterior do antebraço). RC perpendicular, na direção central do punho. Chassi 18x24; dividir em duas partes na transversal. DFoFi 100 cm, sem bucky.

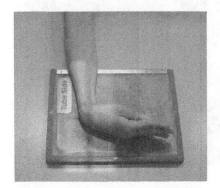
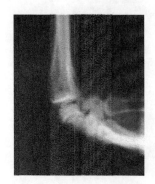

Punho - Extensão Perfil

Sentar o paciente próximo à extremidade da mesa. Flectir o cotovelo até formar um ângulo de 90°. Colocar o punho na posição de perfil absoluto. Sem mover o antebraço, estender o punho o máximo possível. RC perpendicular, na direção central do punho. Chassi 18x24; dividir em duas partes na transversal. DFoFi 100 cm, sem bucky.

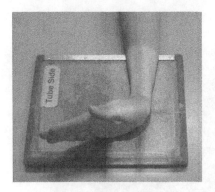
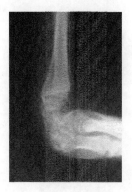

Membro Superior

Punho - PA Ampliado

Sentar o paciente próximo à extremidade da mesa. Pedir para estender o antebraço na posição PA de punho. A partir dessa posição, elevar o punho cerca de 20 cm de altura. RC perpendicular na direção central do punho. Chassi 18x24; dividir em duas partes na transversal. DFoFi 100 cm, sem bucky.

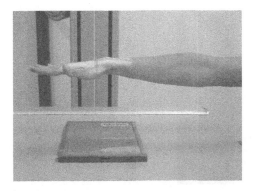
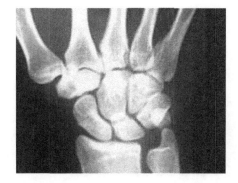

Indicação
Fratura de escafoide.

Punho para Escafoide

Para verificar fratura de escafoide, são realizadas as seguintes incidências: PA ampliado, flexão ulnar, PA e perfil de punho, respectivamente, que já foram descritas nas páginas anteriores.

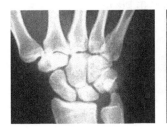
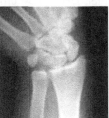
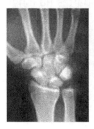
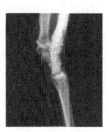

Antebraço - AP

Colocar o paciente próximo à extremidade da mesa. Pedir para estender o antebraço na posição AP sobre o chassi. Deixar o punho e o cotovelo no mesmo plano horizontal. RC perpendicular, na direção central do antebraço. Chassi 24x30 ou 30x40; dividir em duas partes na longitudinal. DFoFi 100 cm, sem bucky.

Indicações
Fraturas, luxações, artrite e outros.

Antebraço - Perfil

Sentar o paciente próximo à extremidade da mesa. Flectir o cotovelo até formar um ângulo de 90°. Colocar o antebraço na posição de perfil absoluto. Rodar o punho cerca de 5° no sentido medial. RC perpendicular, na direção central do antebraço. Chassi 24x30 ou 30x40; dividir em duas partes na longitudinal. DFoFi 100 cm, sem bucky.

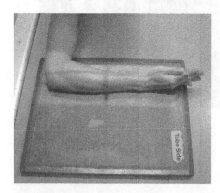

Indicações
Fraturas, luxações, artrite e outros.

Esqueleto Apendicular

Membro Superior

Cotovelo

Anterior
1. Côndilo medial
2. Côndilo lateral
3. Fossa radial
4. Epicôndilo lateral
5. Capítulo
6. Cabeça do rádio
7. Colo do rádio
8. Fossa coronoide
9. Tróclea
10. Processo coronoide
11. Incisura radial da ulna
12. Epicôndilo medial

Posterior
1. Sulco do nervo ulnar
2. Tuberosidade do rádio
3. Colo do rádio
4. Cabeça do rádio
5. Olécrano
6. Fossa do olécrano
7. Epicôndilo medial
8. Epicôndilo lateral

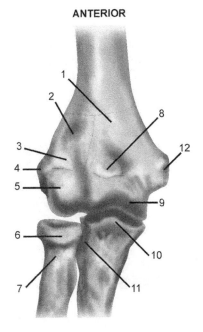
ANTERIOR

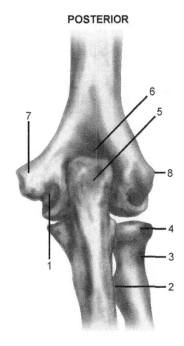
POSTERIOR

Esqueleto Apendicular

Membro Superior

Cotovelo - AP

Sentar o paciente próximo à extremidade da mesa. Pedir para estender o antebraço e colocar a parte posterior do cotovelo sobre o chassi. RC perpendicular, na direção central da articulação do cotovelo. Chassi 18x24; dividir em duas partes na transversal. DFoFi 100 cm, sem bucky.

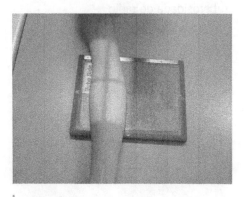
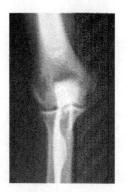

Indicações
Fraturas, luxações, artrite e outros.

Cotovelo - Perfil

Sentar o paciente próximo à extremidade da mesa. Flectir o cotovelo até formar um ângulo de 90°. Colocar o cotovelo na posição de perfil absoluto. RC perpendicular, na direção central da articulação do cotovelo. Chassi 18x24; dividir em duas partes na transversal. DFoFi 100 cm, sem bucky.

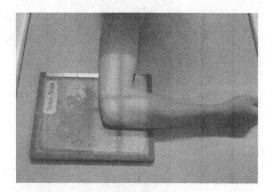
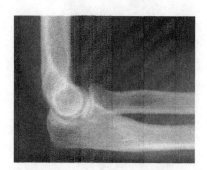

Indicações
Fraturas, luxações, artrite e outros.

Membro Superior

Cotovelo - Oblíqua: Interna

Sentar o paciente próximo à extremidade da mesa. Pedir para estender o antebraço com a palma da mão para baixo (pronação), desta forma o cotovelo forma um ângulo de 45° internamente. RC perpendicular, na direção central da articulação do cotovelo. Chassi 18x24; dividir em duas partes na transversal. DFoFi 100 cm, sem bucky.

Indicações
Fraturas, luxações, artrite e outros.

Cotovelo - Oblíqua: Externa

Sentar o paciente próximo à extremidade da mesa. Pedir para estender o antebraço com a palma da mão para cima (supinação) e rodar lateralmente o cotovelo até formar um ângulo de 45°. RC perpendicular, na direção central da articulação do cotovelo. Chassi 18x24; dividir em duas partes na transversal. DFoFi 100 cm, sem bucky.

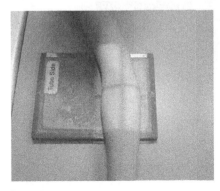
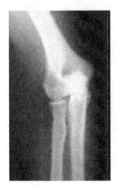

Indicações
Fraturas, luxações, artrite e outros.

Cotovelo - Flexão Aguda (Método de Jones - Porção Distal do Úmero)

Sentar o paciente próximo à extremidade da mesa. Pedir para flexionar o cotovelo até encostar a palma da mão no ombro. RC perpendicular ao úmero. Chassi 18x24; dividir em duas partes na transversal. DFoFi 100 cm, sem bucky.

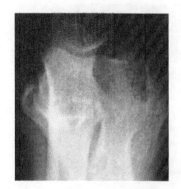

Indicações
Fraturas e luxações.

Cotovelo - Flexão Aguda: para Antebraço Proximal

Sentar o paciente próximo à extremidade da mesa e pedir para flexionar o cotovelo até encostar a palma da mão no ombro. RC perpendicular ao antebraço. Chassi 18x24; dividir em duas partes na transversal. DFoFi 100 cm, sem bucky.

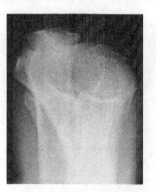

Indicações
Fraturas e luxações.

Esqueleto Apendicular

Membro Superior

Cotovelo Axial de Olécrano: Superoinferior

Sentar o paciente com a parte posterior do tórax encostada na extremidade da mesa. Pedir para flexionar e colocar o cotovelo para trás, sobre o chassi. RC perpendicular ao antebraço. Chassi 18x24; dividir em duas partes na transversal. DFoFi 100 cm, sem bucky.

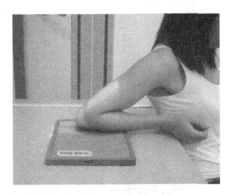

Indicações
Fraturas e luxações.

Túnel do Cotovelo

Sentar o paciente próximo à extremidade da mesa e pedir para colocar a região do processo olecraniano sobre o chassi. Flectir o cotovelo até formar um ângulo de 90°. RC perpendicular, na direção da dobra do cotovelo. Chassi 18x24; dividir em duas partes na transversal. DFoFi 100 cm, sem bucky.

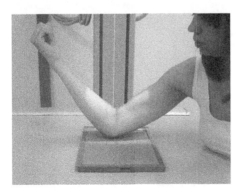
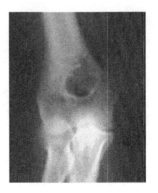

Indicação
Túnel do cotovelo.

Esqueleto Apendicular

Membro Superior

Úmero

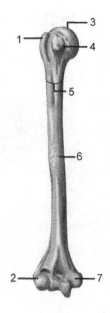

1. Tubérculo maior
2. Epicôndilo lateral
3. Epífise
4. Tubérculo menor
5. Colo cirúrgico do úmero
6. Diáfise
7. Epicôndilo medial

Úmero - AP

Paciente em decúbito dorsal ou ortostático. Pedir para estender o braço e colocar a palma da mão para cima. Rodar o ombro até ficar em contato com o filme. RC perpendicular à vertical, na direção central do úmero. Chassi 24x30 ou 30x40; dividir em duas partes na longitudinal. DFoFi 100 cm, com e sem bucky, conforme o estado de saúde do paciente.

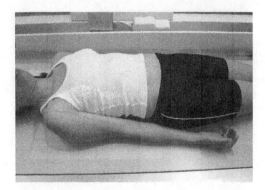

| Indicações
| Fraturas, luxações, artrite, osteoporose e outros.

Membro Superior

Úmero - Perfil: Posição 1

Colocar o paciente em pé ou deitado e pedir para estender o braço e o antebraço ao lado do corpo. Rodar internamente o braço de modo que o úmero fique em perfil absoluto. RC perpendicular à horizontal, na direção central do úmero. Chassi 24x30 ou 30x40; dividir em duas partes na longitudinal. DFoFi 100 cm, com e sem bucky, conforme o estado de saúde do paciente.

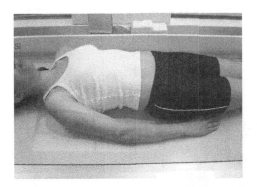

Indicações
Fraturas, luxações, artrite, osteoporose e outros.

Úmero - Perfil: Posição 2

Paciente em pé ou em decúbito dorsal. Pedir para flexionar o cotovelo e abduzir o braço até formar um ângulo de 90°. RC perpendicular à vertical, na direção central do úmero. Chassi 24x30 ou 30x40; dividir em duas partes na longitudinal. DFoFi 100 cm, com e sem bucky, conforme o estado de saúde do paciente.

Indicações
Fraturas, luxações, artrite, osteoporose e outros.

ESQUELETO APENDICULAR

Membro Superior

Ombro

1 Processo coracoide
2 Cabeça do úmero
3 Tubérculo maior
4 Cavidade glenoide
5 Úmero
6 Acrômio
7 Ângulo superior da escápula
8 Clavícula
9 Escápula
10 Tubérculo menor
11 Colo cirúrgico do úmero

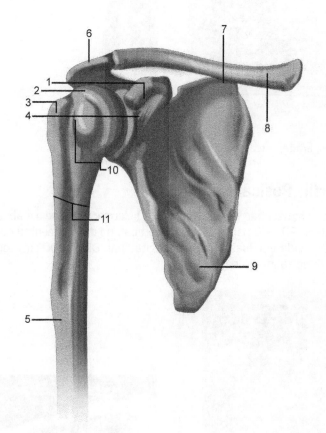

Membro Superior

Ombro - AP: Rotação Neutra

Colocar o paciente em pé ou deitado e pedir para estender o membro superior e encostar a palma da mão no corpo. Rodar o corpo de modo que o ombro esteja em contato com a estativa. RC perpendicular à horizontal, na direção do processo coracoide. Chassi 18x24, longitudinal e panorâmico. DFoFi 100 cm, com bucky.

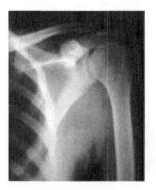

Indicações
Fraturas, luxações, osteoporose, osteoartrite e outros.

Ombro - AP: Rotação Interna

Paciente em pé ou deitado. Pedir ao paciente para estender o membro superior. Rodar o corpo até que esteja em contato com a estativa. Abduzir levemente o braço, em seguida rodar o braço internamente. RC perpendicular à horizontal, na direção do processo coracoide. Chassi 18x24, transversal e panorâmico. DFoFi 100 cm, com bucky.

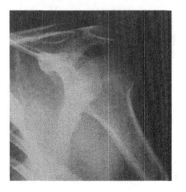

Indicações
Fraturas, luxações, osteoporose, osteoartrite e outros.

Ombro (Técnica de Rockwood)

Colocar o paciente em pé na posição AP, flectir o cotovelo para frente até formar um ângulo de 90°. Rodar o corpo até que esteja em contato com a estativa. RC angulado 30°, caudal, na direção da articulação glenoumeral. Chassi 18x24, transversal e panorâmico. DFoFi 100 cm, com bucky.

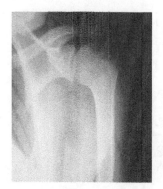

Indicações
Fraturas, luxações, osteoporose, osteoartrite e outros.

Ombro (Incidência de Zanca)

Colocar o paciente em pé na posição AP. Rodar o corpo até formar um ângulo de 35 a 40° em relação à estativa. Flectir o cotovelo e encostar a palma da mão no ombro oposto. RC angulado 20°, cefálico, na direção da articulação glenoumeral. Chassi 18x24, transversal e panorâmico. DFoFi 100 cm, com bucky.

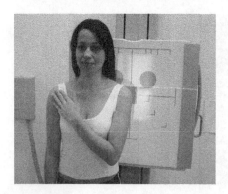
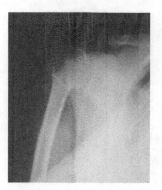

Indicações
Fraturas, luxações, osteoporose, osteoartrite e outros.

Membro Superior

ESQUELETO APENDICULAR

Ombro Axial Inferossuperior (Método de Lawrence)

Colocar o paciente em decúbito dorsal. Com o auxílio de um suporte, elevar o ombro cerca de 5 cm da mesa. Abduzir o braço até formar um ângulo de 90° com o corpo e rodar a mão externamente. Colocar o chassi verticalmente em relação à mesa, o mais próximo do pescoço. RC angulado 20 a 25° na horizontal, na direção da cabeça do úmero. Chassi 18x24, transversal e panorâmico. DFoFi 100 cm, sem bucky.

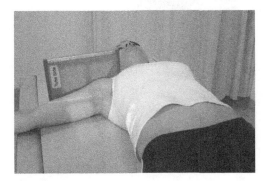
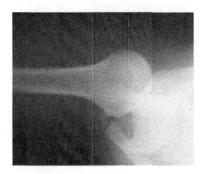

Indicações
Fraturas, luxações, osteoporose, osteoartrite e outros.

Ombro - Perfil de Escápula (Método de Neer)

Colocar o paciente em posição ortostática oblíqua anterior, formando uma rotação de 45 a 60° em relação à estativa. Abduzir o braço ligeiramente de modo que o úmero não sobreponha as costelas. RC angulado de 10 a 15°, caudal, na direção da articulação glenoumeral. Chassi 18x24, longitudinal e panorâmico. DFoFi 100 cm, com bucky.

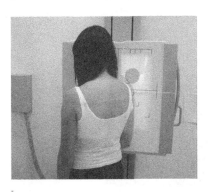
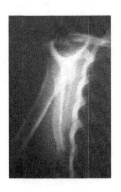

Indicações
Fraturas, luxações da porção proximal do úmero e da escápula e saída supraespinal.

Ombro - Oblíqua Apical (Método de Garth)

Colocar o paciente em posição ortostática oblíqua posterior. Rodar o corpo até formar 45° em relação ao lado afetado. Flectir o cotovelo do lado afetado e colocar a palma da mão sobre o ombro oposto. RC angulado 45°, caudal, na direção da articulação glenoumeral. Chassi 18x24, transversal e panorâmico. DFoFi 100 cm, com bucky.

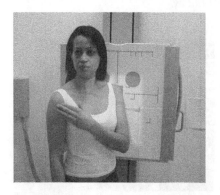
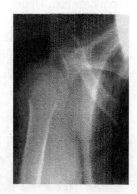

Indicações
Fraturas e luxações das articulações e cavidade glenoide.

Ombro (Incidência de Striker)

Colocar o paciente em decúbito dorsal, com o braço do lado afetado sobre a cabeça e a palma da mão encostada na mesa. Acomodar o corpo até deixar o ombro em contato com a mesa. RC perpendicular, na direção da articulação glenoumeral. Chassi 18x24, longitudinal e panorâmico. DFoFi 100 cm, com bucky.

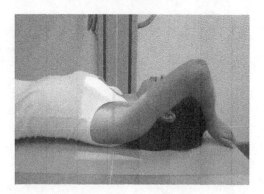
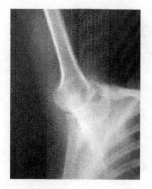

Membro Superior

Ombro - Axial Inferossuperior (Método de West Point)

Colocar o paciente em decúbito ventral. Abduzir o braço afetado até formar um ângulo de 90° em relação ao corpo. Flectir o cotovelo e deixá-lo pendurado na lateral da mesa. O chassi é colocado na vertical, encostado no pescoço. RC angulado 25°, cefálico. Lembre-se de encostar o tubo próximo do corpo. Chassi 18x24, transversal e panorâmico. DFoFi 100 cm, sem bucky.

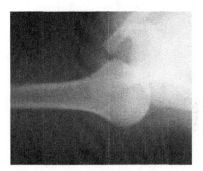

Ombro (Incidência de Velpeau View)

Colocar o paciente em pé com a região dorsolombar posterior encostada na extremidade da mesa, com o máximo de lordose suportável pelo paciente. Nessa incidência, o ombro é posicionado a meio caminho entre a ampola e o chassi. RC perpendicular, na direção da epífise do úmero. Chassi 18x24, transversal e panorâmico. DFoFi 100 cm, sem bucky.

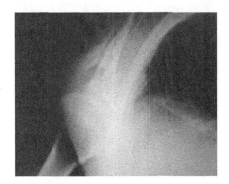

Ombro - AP: Rotação Externa

Colocar o paciente em pé. Com o membro estendido, rodar o corpo até ficar em contato com a estativa. Abduzir levemente o braço, em seguida rodá-lo externamente. RC perpendicular à horizontal, na direção do processo coracoide. Chassi 18x24, transversal e panorâmico. DFoFi 100 cm, com bucky.

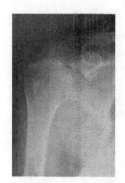

Indicações
Fraturas, luxações, osteoporose, osteoartrite e outros.

Ombro para Cavidade Glenoide (Método de Grashey)

Colocar o paciente em pé, com o membro estendido ao lado do corpo em rotação neutra. Rodar o corpo até formar 35 a 45° para o lado afetado. RC perpendicular à horizontal, na direção da articulação glenoumeral. Chassi 18x24, transversal e panorâmico. DFoFi 100 cm, com bucky.

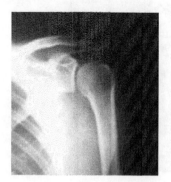

Indicações
Fraturas e luxações da cavidade glenoide, osteoporose, osteoartrite e outros.

Membro Superior

Ombro - Perfil Transtorácica (Método de Lawrence)

Colocar o paciente em pé na posição de perfil de tórax, com o ombro afetado em rotação neutra, encostado na estativa. Abaixar bem o ombro afetado. Levantar o úmero oposto e colocar a palma da mão no topo da cabeça. Elevar bem o ombro oposto para evitar sobreposição ao ombro afetado. RC perpendicular à horizontal, na direção do colo cirúrgico do úmero. Chassi 18x24, longitudinal e panorâmico. DFoFi 100 cm, com bucky.

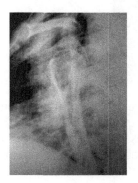

Indicações
Fraturas e luxações proximais do úmero.

Ombro - Perfil de Escápula

Colocar o paciente em pé na posição oblíqua anterior. Rodar o corpo a 45°. Abduzir ligeiramente o braço de modo que não ocorra sobreposição do úmero às costelas. RC perpendicular à horizontal, na direção da articulação glenoumeral. Chassi 18x24, transversal e panorâmico. DFoFi 100 cm, com bucky.

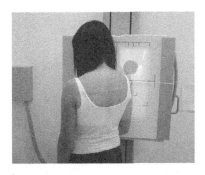
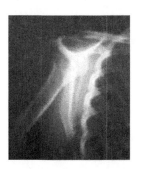

Indicações
Fraturas, luxações da porção proximal do úmero e da escápula.

Ombro Tangencial - Sulco Intertubercular (Método de Fisk)

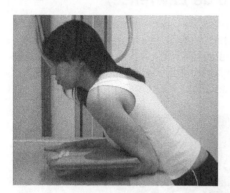 

Colocar o paciente em pé (ortostático) próximo à extremidade da mesa. Pedir ao paciente para inclinar o corpo para frente de modo que o úmero forme um ângulo de 10 a 15° com a vertical. O chassi é colocado sobre a parte anterior do antebraço. RC perpendicular à vertical, na direção da cabeça do úmero. Chassi 18x24, transversal e panorâmico. DFoFi 100 cm, sem bucky.

Membro Inferior

Pé

1 Corpo do calcâneo
2 Cuboide
3 Cuneiforme lateral
4 Falanges proximais
5 Falanges mediais
6 Falanges distais
7 Tálus
8 Navicular
9 Cuneiforme intermediário
10 Cuneiforme médio
11 Metatarsos

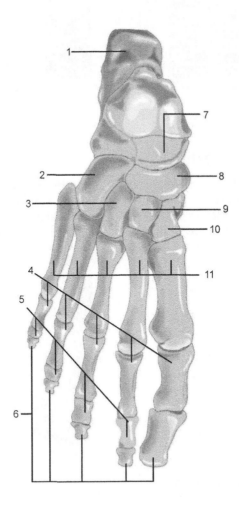

Primeiro Artelho - AP

Colocar o paciente em decúbito dorsal. Flectir o joelho até conseguir apoiar a superfície plantar do artelho sobre o chassi. RC angulado 10° na direção do corpo do artelho. Chassi 18x24; dividir em duas partes na transversal. DFoFi 100 cm, sem bucky.

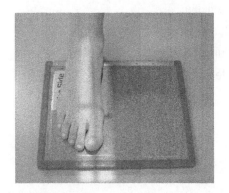 

| Indicações
| Fraturas, luxações, osteoartrite e outros.

Primeiro Artelho - Perfil

Colocar o paciente em decúbito lateral sobre a mesa. Rodar o artelho afetado no sentido medial até ficar na posição de perfil absoluto. Com o auxílio de uma fita, desassociar o artelho afetado dos demais dedos. RC perpendicular, na direção da articulação metatarsofalangiana. Chassi 18x24; dividir em duas partes, na transversal. DFoFi 100 cm, sem bucky.

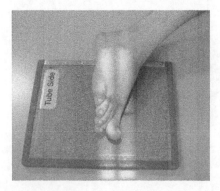 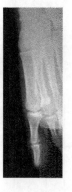

| Indicações
| Fraturas, luxações, osteoartrite e outros.

Membro Inferior

Primeiro Artelho - Oblíqua

Colocar o paciente em decúbito dorsal. Flectir o joelho e colocar a região plantar sobre o chassi, fazendo uma rotação medial do pé de 30 a 35°. RC perpendicular na direção da articulação metatarsofalangiana. Chassi 18x24; dividir em duas partes na transversal. DFoFi 100 cm, sem bucky.

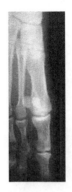

Indicações
Fraturas, luxações, osteoartrite e outros.

Artelhos Sesamoides - Tangencial: Inferossuperior

Colocar o paciente em decúbito dorsal, com o membro inferior estendido sobre a mesa. Com a ajuda de uma faixa, colocada ao redor dos dedos, pedir ao paciente para segurar a faixa, tracionando-a para trás até formar um ângulo de 60° da face plantar em relação à mesa. RC perpendicular, tangenciando a parte posterior da primeira articulação metatarsofalangiana. Chassi 18x24, transversal e panorâmico. DFoFi 100 cm, sem bucky.

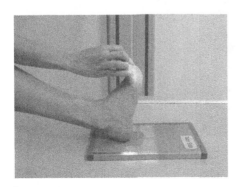
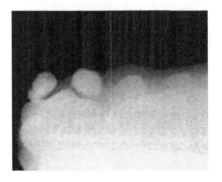

Indicação
Fratura dos ossos sesamoides.

Artelhos Sesamoides - Tangencial: Superoinferior

Colocar o paciente ajoelhado sobre a mesa. Pedir ao paciente para fazer uma dorsiflexão do pé, apoiando a parte plantar das falanges dos dedos no chassi. Formar um ângulo de 60° da parte inferior do calcâneo até o plano da mesa. RC perpendicular, tangenciando a parte posterior da primeira articulação metatarsofalangiana. Chassi 18x24, transversal e panorâmico. DFoFi 100 cm, sem bucky.

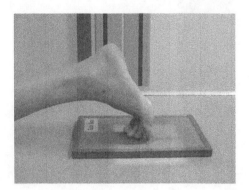
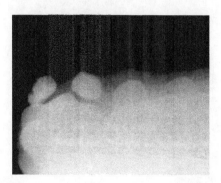

Pé - AP

Colocar o paciente em decúbito dorsal. Flectir o joelho do lado afetado e colocar a face plantar do pé sobre o chassi. RC angulado 10° na direção do calcâneo. Chassi 24x30; dividir em duas partes na longitudinal. DFoFi 100 cm, sem bucky.

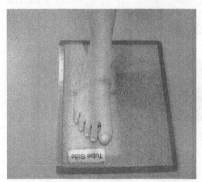
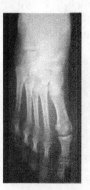

| Indicações
| Fraturas, anormalidades, corpo estranho e outros.

Membro Inferior

Pé - Perfil: Lateral

Colocar o paciente em decúbito lateral, com o lado afetado para baixo. Flectir o joelho e colocar a perna oposta atrás do membro afetado. Posicionar o pé na diagonal do chassi. RC perpendicular na direção do primeiro cuneiforme medial. Chassi 24x30; dividir em duas partes, na longitudinal ou na diagonal panorâmica. DFoFi 100 cm, sem bucky.

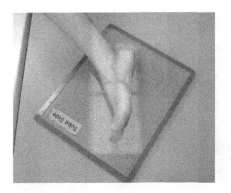

| Indicações
| Fraturas, anormalidades, corpo estranho e outros.

Pé - Perfil: Medial

Colocar o paciente em decúbito lateral, com o lado afetado para baixo. Flectir o joelho e colocar a perna oposta atrás do membro afetado. Posicionar o pé na diagonal do chassi. RC perpendicular, na direção do cuboide. Chassi 24x30; dividir em duas partes, na longitudinal ou na diagonal panorâmica. DFoFi 100 cm, sem bucky.

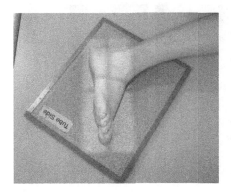

| Indicações
| Fraturas, anormalidades, corpo estranho e outros.

Pé - Oblíqua

Colocar o paciente em decúbito dorsal. Flectir o joelho e colocar a face plantar do pé sobre o chassi. Rodar o pé medialmente até formar um ângulo de 45° em relação ao plano do chassi. RC perpendicular, na direção do terceiro metatarso. Chassi 24x30; dividir em duas partes na longitudinal. DFoFi 100 cm, sem bucky.

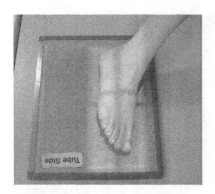
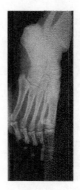

Indicações
Fraturas, anormalidades, corpo estranho e outros.

Pé - AP com Carga

Colocar o paciente em pé (ortostático), com os pés sobre o chassi. RC angulado 10° na direção central do filme. Chassi 24x30, longitudinal e panorâmico. DFoFi 100 cm, sem bucky.

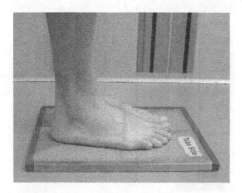
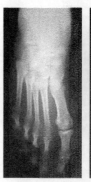
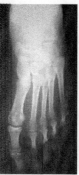

Indicações
Ossos dos pés e arcos longitudinais.

ESQUELETO APENDICULAR

Membro Inferior

Pé - Perfil com Carga

Colocar o paciente em pé sobre uma caixa de madeira (projetada especialmente para esse exame), apoiar o chassi entre os pés e alinhar o eixo longitudinal do pé com o eixo longitudinal do chassi. RC perpendicular à horizontal, na direção do quinto metatarso. Chassi 24x30; dividir em duas partes na longitudinal. DFoFi 100 cm, sem bucky.

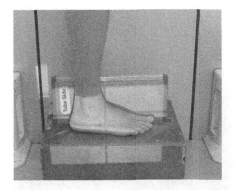

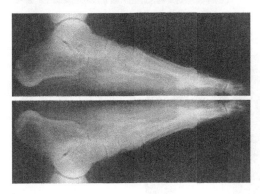

Indicações
Ossos dos pés e arcos longitudinais.

Pé Completo/Pé sem Perna

Colocar o paciente em pé, com os pés sobre o chassi. Radiografar uma incidência de pé AP. Em seguida, sem que o paciente retire os pés do chassi, radiografar a segunda incidência de calcâneo axial superoinferior. Primeiro RC angulado 10° para o pé e segundo RC angulado 40° para o calcâneo. Chassi 24x30, longitudinal e panorâmico. DFoFi 100 cm, sem bucky.

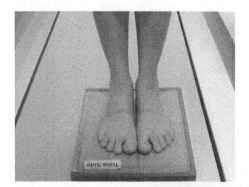
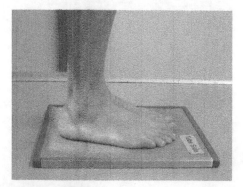
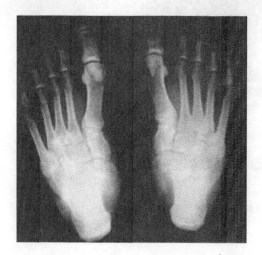

Esqueleto Apendicular

Membro Inferior

Calcâneo Axial Plantodorsal

Colocar o paciente em decúbito dorsal, com o membro inferior estendido. Flexionar o pé (com o auxílio de uma faixa) até que a região plantar esteja perpendicular ao chassi. RC angulado 40°, na direção do terceiro metatarso. Chassi 18x24; dividir em duas partes na transversal. DFoFi 100 cm, sem bucky.

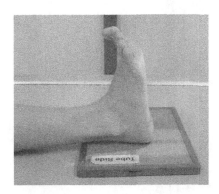

Indicação
Fraturas.

Calcâneo - Perfil

Colocar o paciente em decúbito lateral, com o lado afetado para baixo. Flectir o joelho e colocar a perna oposta atrás do membro afetado. Posicionar o tornozelo e o calcâneo em perfil absoluto. RC perpendicular, 2 cm abaixo do maléolo medial. Chassi 18x24; dividir em duas partes na transversal. DFoFi 100 cm, bucky.

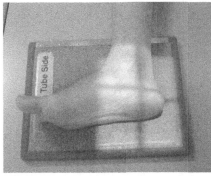
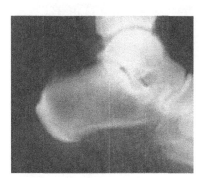

Indicação
Esporão.

Perna

1 Côndilo lateral
2 Fíbula
3 Maléolo lateral
4 Côndilo medial
5 Epífise proximal
6 Tíbia
7 Diáfise
8 Epífise distal
9 Maléolo medial

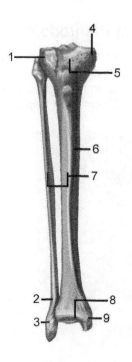

Perna - AP

Colocar o paciente em decúbito dorsal, com o membro inferior estendido. Posicionar a perna no sentido diagonal do chassi de modo que as duas articulações estejam incluídas. RC perpendicular, na direção central da perna. Chassi 30x40 ou 35x43; dividir em duas partes, na longitudinal ou na diagonal panorâmica. DFoFi 100 cm, sem bucky.

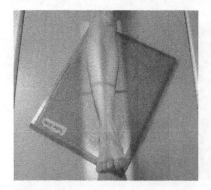

Indicações
Fraturas, corpos estranhos e outros.

Esqueleto Apendicular

Membro Inferior

Perna - Perfil

Colocar o paciente em decúbito lateral, com o membro inferior estendido, o lado afetado para baixo e o membro oposto para trás. Certificar-se de que o membro inferior esteja em perfil absoluto. RC perpendicular, na direção central da perna. Chassi 30x40 ou 35x43; dividir em duas partes, sendo longitudinal ou diagonal panorâmica. DFoFi 100 cm, sem bucky.

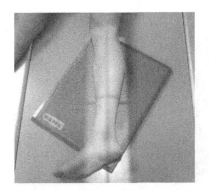

Indicações
Fraturas, corpos estranhos e outros.

Tornozelo - AP

Colocar o paciente em decúbito dorsal, com o membro inferior estendido. Flexionar o pé até que a região plantar esteja quase perpendicular ao chassi. Colocar o tornozelo em uma posição AP verdadeira. RC perpendicular, na direção central entre os maléolos. Chassi 18x24; dividir em duas partes na transversal. DFoFi 100 cm, sem bucky.

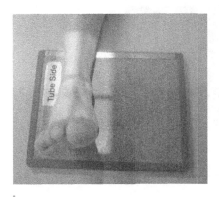
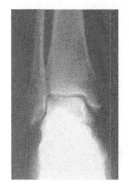

Indicações
Fraturas, doenças ósseas e outros.

Tornozelo - Perfil

Colocar o paciente em decúbito lateral com o lado afetado para baixo. Flectir o joelho a cerca de 45° e colocar o membro oposto para trás. Colocar o tornozelo em perfil absoluto. RC perpendicular, na direção do maléolo medial. Chassi 18x24; dividir em duas partes na transversal. DFoFi 100 cm, sem bucky.

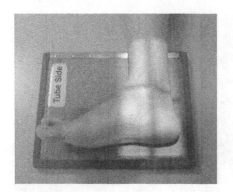
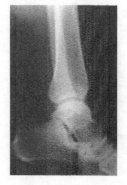

Indicações
Fraturas, luxações e outros.

Tornozelo - Oblíqua: Interna

Colocar o paciente em decúbito dorsal, com o membro inferior estendido. Flexionar o pé até que a região plantar esteja quase perpendicular ao chassi. Rodar o tornozelo internamente a 45°. RC perpendicular, na direção central, entre os maléolos. Chassi 18x24; dividir em duas partes na transversal. DFoFi 100 cm, sem bucky.

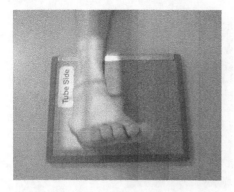
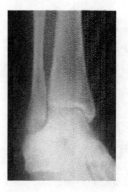

Indicações
Fraturas na articulação tibiofibular distal.

Membro Inferior

Tornozelo - Oblíqua: Externa

Colocar o paciente em decúbito dorsal, com o membro inferior estendido. Flexionar o pé até que a região plantar esteja quase perpendicular ao chassi. Rodar o tornozelo a 45° externamente. RC perpendicular, na direção central entre os maléolos. Chassi 18x24; dividir em duas partes na transversal. DFoFi 100 cm, sem bucky.

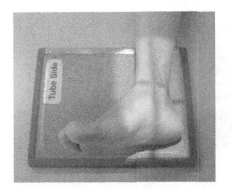
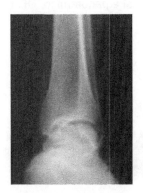

Inversão do Tornozelo - AP

Colocar o paciente em decúbito dorsal, com o membro inferior estendido. Flexionar o pé até que a região plantar esteja quase perpendicular ao chassi. Colocar o tornozelo na posição AP verdadeira. Sem mover a perna, é aplicada uma força na qual toda a região plantar é invertida medialmente. RC perpendicular, na direção central, entre os maléolos. Chassi 18x24, longitudinal e panorâmico. DFoFi 100 cm, sem bucky.

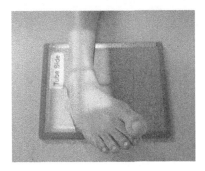
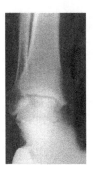

Indicação
Estiramento de ligamento.

Esqueleto Apendicular

Membro Inferior

Eversão do Tornozelo - AP

Colocar o paciente em decúbito dorsal, com o membro inferior estendido. Flexionar o pé até que a região plantar esteja quase perpendicular ao chassi. Colocar o tornozelo na posição AP verdadeira. Sem mover a perna, é aplicada uma força na qual toda a região plantar everte lateralmente. RC perpendicular, na direção central, entre os maléolos. Chassi 18x24, longitudinal e panorâmico. DFoFi 100 cm, sem bucky.

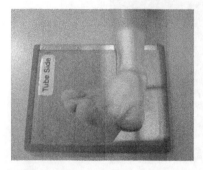 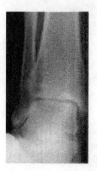

Indicação
Estiramento de ligamento.

Esqueleto Apendicular

Membro Inferior

Joelho

Frente

1 Côndilo lateral do fêmur
2 Côndilo lateral da tíbia
3 Côndilo medial do fêmur
4 Patela
5 Côndilo medial da tíbia

Lateral

1 Côndilo lateral do fêmur
2 Fêmur
3 Patela
4 Côndilo lateral da tíbia
5 Tíbia
6 Fíbula

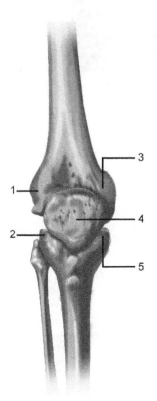
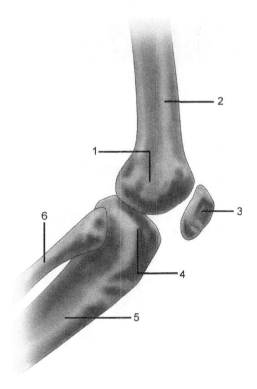

Joelho - AP

Colocar o paciente em decúbito dorsal, com o membro inferior estendido. Aplicar uma leve rotação medial de aproximadamente 5° a fim de obter uma posição AP verdadeira do joelho. RC perpendicular, na direção de 1 cm distal do ápice da patela. Chassi 18x24, longitudinal e panorâmico. DFoFi 100 cm, com e sem bucky.

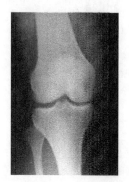

Indicações
Fraturas, doenças ósseas, lesões e outros.

Joelho - Perfil

Colocar o paciente em decúbito lateral, com o lado afetado para baixo. Fazer uma leve flexão do joelho e colocar o membro oposto para trás, certificando-se de que o joelho esteja em posição de perfil absoluto. RC angulado 10 a 15°, cefálico, na direção de 1 cm distal do côndilo medial do fêmur. Chassi 18x24, longitudinal e panorâmico. DFoFi 100 cm, com e sem bucky.

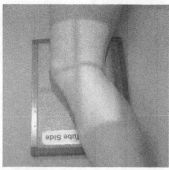
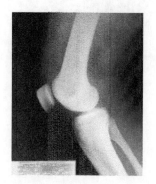

Indicações
Fraturas, doenças ósseas, lesões e outros.

Membro Inferior

Joelho - Oblíqua: Interna

Colocar o paciente em decúbito dorsal, com o membro inferior estendido. Rodar o joelho e a perna aproximadamente 45° no sentido medial. RC perpendicular, na direção de 1 cm distal do ápice da patela. Chassi 18x24, longitudinal e panorâmico. DFoFi 100 cm, com e sem bucky.

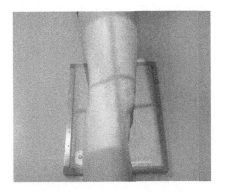
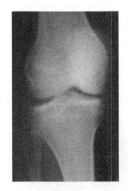

Indicações
Fraturas, doenças ósseas, lesões e outros.

Joelho - Oblíqua: Externa

Colocar o paciente em decúbito dorsal, com o membro inferior estendido. Rodar o joelho e a perna aproximadamente 45° no sentido lateral. RC perpendicular, na direção de 1 cm distal do ápice da patela. Chassi 18x24, longitudinal e panorâmico. DFoFi 100 cm, com e sem bucky.

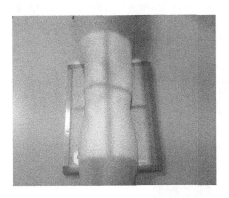
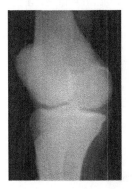

Túnel do Joelho - PA (Tunnel View): Fossa Intercondiliana (Método de Camp Coventry)

Inicialmente colocar o paciente em decúbito ventral, com o membro inferior estendido. Pedir para o paciente flectir o joelho (sem mover o fêmur; elevar apenas a perna) até formar um ângulo de aproximadamente 40 a 50°. Não se esquecer de colocar um apoio para a perna a fim de que permaneça com o membro elevado. RC perpendicular à perna, na direção da dobra do joelho. Chassi 18x24, longitudinal e panorâmico. DFoFi 100 cm, sem bucky.

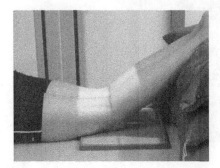

| Indicações
| Fossa intercondiliana, eminência intercondiliana, côndilos femorais e estreitamento no espaço articular.

Método de Holmblad: Flexão de 60° a 70°

Colocar o paciente ajoelhado sobre a mesa (sobre os quatro membros). Pedir ao paciente para flectir o joelho sobre o chassi (sem mover a perna; elevar apenas o fêmur) até formar um ângulo de aproximadamente 60 a 70°. Colocar um apoio no tornozelo a fim de acomodar melhor o paciente. RC perpendicular, na direção central da dobra do joelho. Chassi 18x24, longitudinal e panorâmico. DFoFi 100 cm, sem bucky.

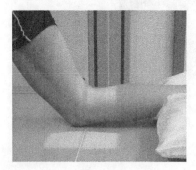

Membro Inferior

Joelho - AP Axial: Fossa Intercondiliana

Colocar o paciente em decúbito dorsal. Pedir ao paciente para flectir o joelho até formar um ângulo de aproximadamente 45°. Apoiar o chassi sob a dobra do joelho (colocar apoio sob o chassi, se necessário). RC perpendicular à perna, na direção de 1 cm distal do ápice da patela. Chassi 18x24, transversal e panorâmico. DFoFi 100 cm, sem bucky.

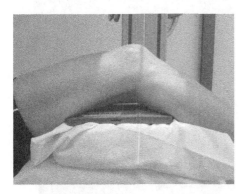
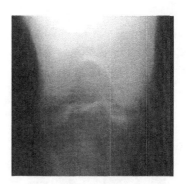

Indicações

Fossa intercondiliana, eminência intercondiliana, côndilos femorais, estreitamento no espaço articular e outras.

Joelho - Axial de Patela (30°, 60° e 90°)

Colocar o paciente em decúbito ventral. Pedir para o paciente flectir o joelho em três posições (30°, 60° e 90°). RC perpendicular, na direção da base inferior da patela. Chassi 13x18 ou 18x24, transversal e panorâmico. DFoFi 100 cm, sem bucky.

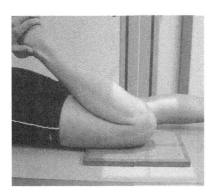
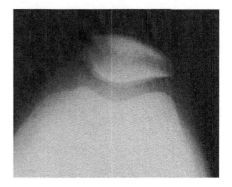

Ângulo de 60°

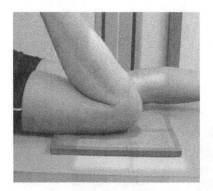
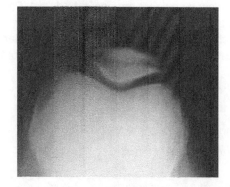

Ângulo de 90°

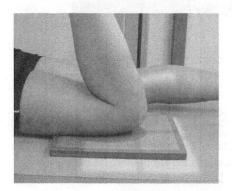
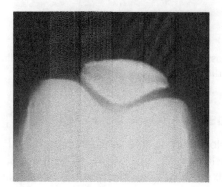

Membro Inferior

Patela - PA

Colocar o paciente em decúbito ventral com o membro inferior estendido. Rodar o joelho aproximadamente 5° internamente a fim de manter a posição PA verdadeira. Não se esquecer de colocar um apoio no pé e no tornozelo para o melhor conforto do paciente. RC perpendicular, na direção central da patela. Chassi 13x18 ou 18x24, transversal e panorâmico. DFoFi 100 cm, sem bucky.

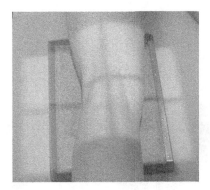
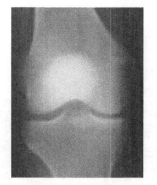

Indicação
Fratura de patela.

Patela - Perfil

Colocar o paciente em decúbito lateral, com o lado afetado para baixo. Ajustar a rotação do corpo e da perna até o joelho ficar em perfil absoluto. RC perpendicular, na direção central da patela. Chassi 13x18 ou 18x24, longitudinal e panorâmico. DFoFi 100 cm, sem bucky.

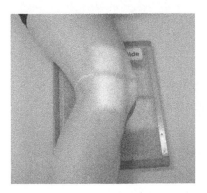

Patela - Tangencial Axial Bilateral

Colocar o paciente em decúbito dorsal, com o membro inferior estendido. Pedir ao paciente para flectir o joelho aproximadamente 45° (apoiar o joelho para manter o posicionamento). Colocar o chassi na vertical sobre a coxa (se possível, pedir ao paciente para segurar o chassi). RC angulado 15 a 20° em relação à horizontal, no sentido cefálico, na direção da articulação patelofemoral. Chassi 24x30, transversal e panorâmico (bilateral). DFoFi 100 cm, sem bucky.

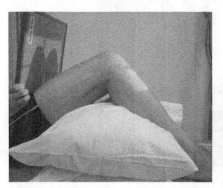

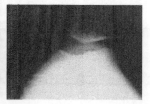

Joelho - Bilateral com Carga

Colocar o paciente em pé, com a parte posterior em contato com a estativa. Pedir ao paciente para colocar os pés juntos e voltados para frente. RC perpendicular à horizontal, na direção central entre as articulações do joelho. Chassi 24x30 ou 30x40, transversal e panorâmico. DFoFi 100 cm, com bucky.

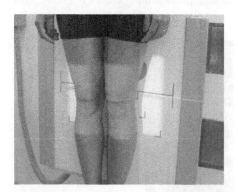
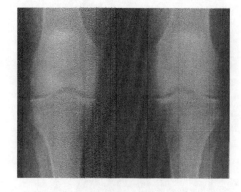

| Indicações
| Espaços articulares e doenças ósseas.

Membro Inferior

Fêmur

1. Cabeça do fêmur
2. Trocânter menor
3. Côndilo femoral medial
4. Patela
5. Trocânter maior
6. Diáfise
7. Côndilo femoral lateral

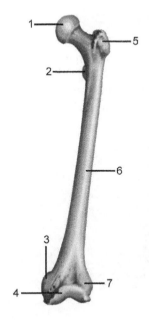

Fêmur - AP

Colocar o paciente em decúbito dorsal, com o fêmur afetado sobre a LCM. Pedir ao paciente para rodar a perna aproximadamente 5° internamente, para manter o fêmur em uma projeção AP absoluta. RC perpendicular, na direção central da diáfise do fêmur. Chassi 30x40 ou 35x43, longitudinal e panorâmico. DFoFi 100 cm, com bucky.

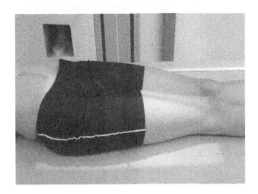

Indicações
Fraturas e doenças ósseas.

Fêmur - Perfil

Colocar o paciente em decúbito lateral, com o lado afetado para baixo. Flectir o joelho aproximadamente 45° e alinhar o fêmur com a LCM. Pedir ao paciente para colocar a perna oposta para trás e rodar o corpo cerca de 15° a fim de evitar superposição da porção proximal do fêmur à articulação do quadril. RC perpendicular, na direção central da diáfise do fêmur. Chassi 30x40 ou 35x43, longitudinal e panorâmico. DFoFi 100 cm, com bucky.

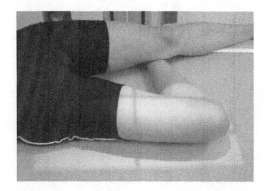

Indicações
Fraturas e doenças ósseas.

Membro Inferior

Escanometria dos Membros Inferiores

Antes de realizar o exame, é preciso fixar uma régua escanométrica sobre a linha central da mesa, presa com esparadrapo. Colocar o paciente em decúbito dorsal sobre a mesa de modo que as articulações dos membros inferiores fiquem delimitadas na extensão da régua. Sem nenhum movimento do paciente da posição de origem, iniciar da seguinte forma: primeiro, RC perpendicular ao centro, entre as articulações coxofemorais; segundo, RC perpendicular ao centro, entre as articulações dos joelhos; terceiro, RC perpendicular ao centro, entre as articulações dos tornozelos. Chassi 30x40 ou 35x43; dividir em três partes na transversal. DFoFi 100 cm, com bucky.

1º

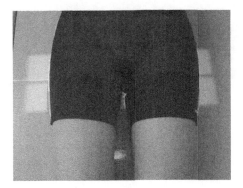

2º

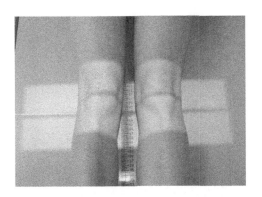
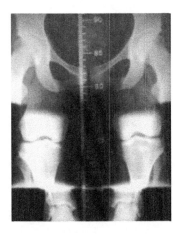

ESQUELETO APENDICULAR

Membro Inferior

3º

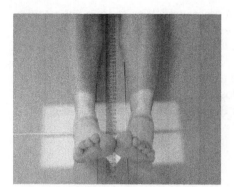

Clavícula - AP

Colocar o paciente em pé ou deitado, com os membros superiores estendidos ao lado do corpo. A face posterior do ombro deve estar em contato com a estativa, sem rotação do corpo. RC perpendicular à horizontal, na direção central do corpo da clavícula. Chassi 18x24, transversal e panorâmico. DFoFi 100 cm, com bucky.

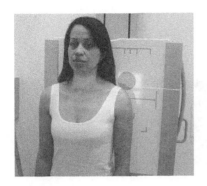
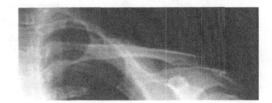

Indicações
Fraturas e luxações.

Clavícula - AP Axial

Colocar o paciente em pé ou deitado, com os braços estendidos ao lado do corpo. A face posterior do ombro deve estar em contato com a estativa, sem rotação do corpo. RC angulado 15 a 30°, cefálico, na direção central do corpo da clavícula. Chassi 18x24, transversal e panorâmico. DFoFi 100 cm, com bucky.

Indicações
Fraturas e luxações.

Cíngulos

Escapular

Articulação Acromioclavicular Bilateral - com e sem Peso

Colocar o paciente em pé na posição AP, sem rotação do corpo. Duas incidências são realizadas na mesma posição, uma sem peso e a outra com peso igual para cada lado. RC perpendicular à horizontal, na direção de um ponto médio entre as articulações. Chassi 30x40, transversal e panorâmico. DFoFi 100 cm, com bucky.

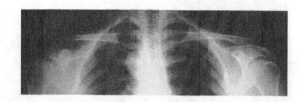

Indicação
Espaço nas articulações acromioclaviculares. Não realizar essa incidência se o paciente apresentar fratura de ombro e de clavícula.

Escápula - AP

Colocar o paciente em pé ou deitado, com a parte posterior em contato com a estativa, sem rotação do tórax. Pedir para abduzir o braço até formar um ângulo de 90° com o corpo. Flectir o cotovelo e colocar a palma da mão sobre a cabeça. RC perpendicular, na direção central do corpo da escápula. Chassi 24x30, longitudinal e panorâmico. DFoFi 100 cm, com bucky.

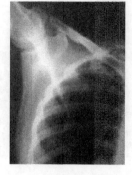

Indicação
Fratura de escápula.

Escapular

Escápula - Perfil

Colocar o paciente em pé, de preferência, em uma rotação oblíqua anterior a 45°. Abaixar o braço afetado, flectir o cotovelo e colocar o antebraço sobre a região lombar anterior. RC perpendicular, na direção do corpo da escápula. Chassi 18x24 ou 24x30, longitudinal e panorâmico. DFoFi 100 cm, com bucky.

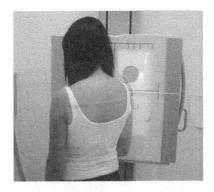
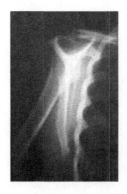

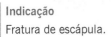

Indicação
Fratura de escápula.

CÍNGULOS

Pélvico

Pelve

1 Espinha ilíaca
2 Acetábulo
3 Ramo superior do púbis
4 Tuberosidade isquiática
5 Articulação sacroilíaca
6 Osso do quadril (ílio)
7 Sacro
8 Espinha isquiática
9 Cóccix
10 Sínfise púbica
11 Forame obturador

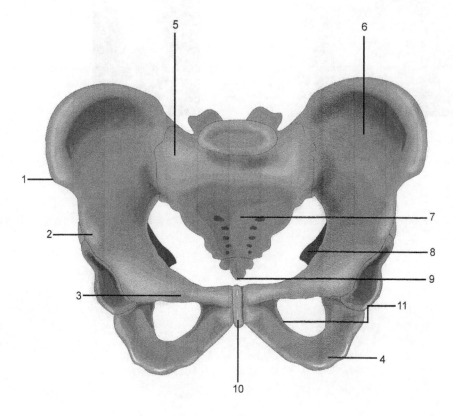

Pélvico

Pelve - AP

Colocar o paciente em decúbito dorsal e alinhar o PMS com a LCM. Rodar os membros inferiores internamente em rotação Ferguson. RC perpendicular, na direção de 5 cm acima da sínfise púbica. Chassi 30x40 ou 35x43, transversal e panorâmico. DFoFi 100 cm, com bucky.

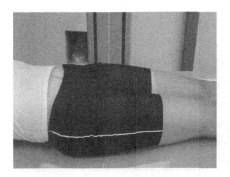
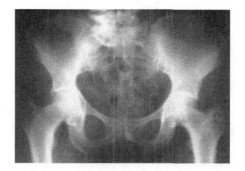

Indicações
Fraturas, luxações e doenças ósseas.

Pelve (Incidência de Van Rosen)

Colocar o paciente em decúbito dorsal, com PMS sobre a LCM. Os membros inferiores devem ficar estendidos em rotação Ferguson. Separar um artelho do outro cerca de 20 cm, como mostra a figura seguinte. RC perpendicular, na direção de 5 cm acima da sínfise púbica. Chassi 30x40 ou 35x43, transversal e panorâmico. DFoFi 100 cm, bucky.

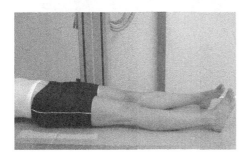
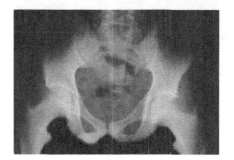

Pelve (Incidência de Ferguson)

Colocar o paciente em decúbito dorsal, com o PMS sobre a LCM. Os membros inferiores devem estar estendidos em rotação Ferguson. RC angulado 25°, cefálico, na direção de 5 cm acima da sínfise púbica. Chassi 30x40, transversal e panorâmico. DFoFi 100 cm, com bucky.

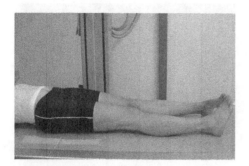
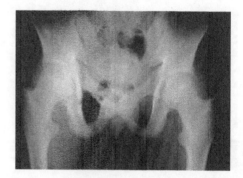

Pelve Perna de Rã (Método de Cleaves Modificado)

Colocar o paciente em decúbito dorsal, com o PMS sobre a LCM. Pedir ao paciente para flectir os joelhos e unir a região plantar dos pés, de modo que os joelhos fiquem equidistantes no mesmo plano. RC perpendicular, na direção de 5 cm acima da sínfise púbica. Chassi 30x40, transversal e panorâmico. DFoFi 100 cm, com bucky.

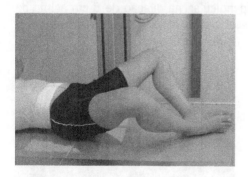
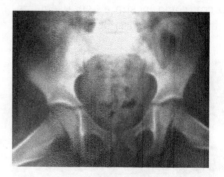

Indicação
Luxação congênita do quadril.

Pélvico

Pelve Axial - AP de "Saída" (Método de Taylor)

Colocar o paciente em decúbito dorsal, com os membros inferiores estendidos em rotação Ferguson. Manter o PMS sobre a LCM. RC angulado 45°, cefálico, 5 cm acima da sínfise púbica. Chassi 30x40, transversal e panorâmico. DFoFi 100 cm, com bucky.

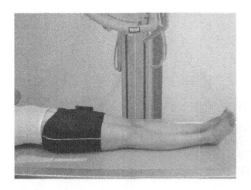
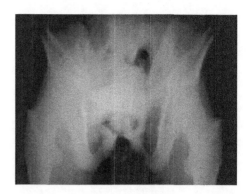

Indicações
Fraturas, luxações dos ossos púbicos e isquiáticos.

Pelve Axial - AP de "Entrada"

Colocar o paciente em decúbito dorsal, com os membros inferiores estendidos em rotação Ferguson e o PMS sobre a LCM. RC angulado 35° a 45°, podálico, na direção de 5 cm acima da sínfise púbica. Chassi 30x40, transversal e panorâmico. DFoFi 100 cm, com bucky.

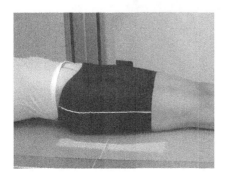
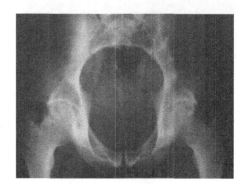

Axial de Sínfise Púbica

Colocar o paciente sentado, formando uma inclinação de aproximadamente 60° do corpo em relação à mesa e mantendo o PMS sobre a LCM. RC perpendicular, na direção da sínfise púbica. Chassi 30x40, transversal e panorâmico. DFoFi 100 cm, com bucky.

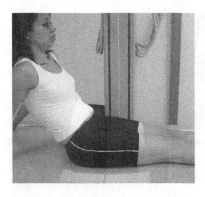

Quadril - AP

Colocar o paciente em decúbito dorsal, com os membros inferiores estendidos em rotação Ferguson. Deixar o quadril afetado sobre a LCM. RC perpendicular, na direção do acetábulo. Chassi 24x30, longitudinal e panorâmico. DFoFi 100 cm, com bucky.

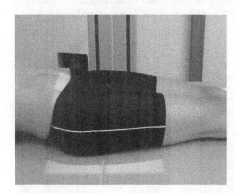
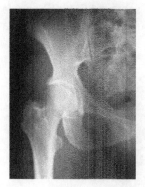

Pélvico

Quadril - Perfil Alar

Colocar o paciente em decúbito dorsal, com a articulação coxofemoral do lado afetado sobre a LCM. Pedir ao paciente para flectir o joelho do lado afetado aproximadamente 45° e colocar sob a perna oposta, "formando um quatro", e rodar o corpo até que o fêmur esteja em contato com a mesa. RC perpendicular, na direção do acetábulo. Chassi 24x30, longitudinal e panorâmico. DFoFi 100 cm, com bucky.

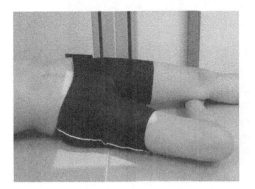
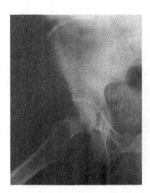

Forame Obturatriz - AP

Colocar o paciente em decúbito dorsal, com a articulação do lado afetado para cima sobre a LCM. Pedir para flectir o joelho do lado oposto aproximadamente 45° e colocar sob a perna afetada, "formando um quatro", e rodar o corpo até que o fêmur esteja em contato com a mesa. Nessa incidência visualiza-se o lado mais distante do filme. RC perpendicular, 4 cm acima da sínfise púbica. Chassi 24x30 ou 30x40, transversal e panorâmico. DFoFi 100 cm, com bucky.

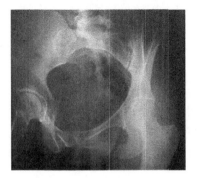

Forame Obturatriz - PA

Colocar o paciente em decúbito ventral, em posição de nadador. O PMS deve formar um ângulo de 45° em relação à LCM, com o acetábulo afetado para baixo sobre a LCM. Flectir a perna oposta e estender a perna afetada. RC perpendicular, na direção do cóccix. Chassi 24x30 ou 30x40, transversal e panorâmico. DFoFi 100 cm, com bucky.

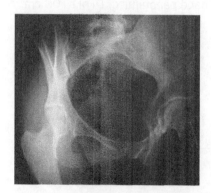

Incidência Axiolateral: Inferossuperior (Método de Danelius-Miller)

Colocar o paciente em decúbito dorsal, com o membro afetado estendido e o outro elevado para evitar sobreposição de um fêmur ao outro. Pedir ao paciente para apoiar o pé (colocar o pé sobre ampola) a fim de permanecer elevado. Colocar o chassi na vertical, do lado externo do colo. RC perpendicular à horizontal, na direção do colo do fêmur do lado interno. Chassi 24x30, longitudinal e panorâmico. DFoFi 100 cm, sem bucky.

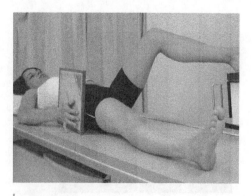
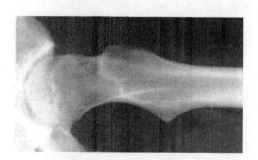

| Indicações
| Fraturas e luxações, quando o paciente não pode mover a perna afetada.

Esqueleto Axial

Coluna Vertebral

1 Atlas
2 Áxis
3 Processo transverso
4 Disco intervertebral
5 Sacro
6 Cóccix
7 Pedículo
8 Forame intervertebral

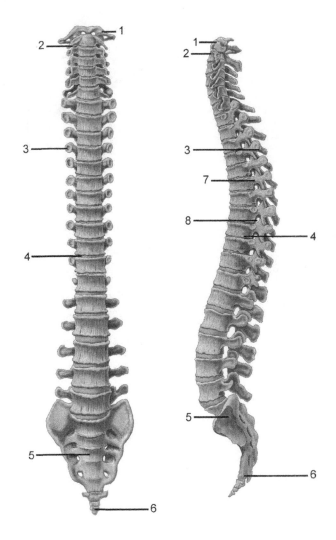

Esqueleto Axial

Coluna Vertebral

Atlas

1. Processo transverso
2. Facetas superiores
3. Incisura na qual se encaixa o áxis
4. Tubérculo anterior
5. Forame transverso
6. Forame vertebral
7. Tubérculo posterior

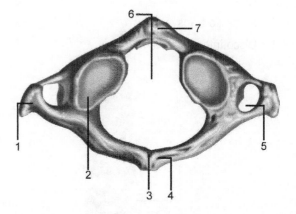

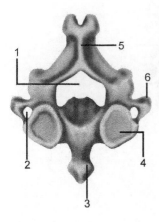

Áxis

1. Forame vertebral
2. Forame transverso
3. Dente (processo odontoide)
4. Processo articular superior
5. Processo espinhoso
6. Processo transverso

Coluna Vertebral

Coluna Cervical - AP

Colocar o paciente em pé ou deitado, com os membros superiores estendidos. Deixar o PMS sobre a LCM ou a LCE. Orientar o paciente a não movimentar a cabeça e o corpo. RC angulado 7°, cefálico, na direção da vértebra C4. Chassi 18x24, longitudinal e panorâmico. DFoFi 100 cm, com bucky.

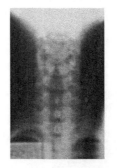

Indicações
Fraturas e doenças ósseas.

Coluna Cervical - Oblíqua

Colocar o paciente em pé, de preferência, com os membros estendidos ao longo do corpo. Rodar o corpo e a cabeça aproximadamente 45° em relação à estativa. Centralizar a coluna cervical na LCE, estender o queixo para frente a fim de evitar sobreposição de imagem entre a mandíbula e as vértebras cervicais. Colocar o topo do chassi 5 cm acima da MAE. RC perpendicular à horizontal, na direção das vértebras C4 e C5. Chassi 18x24 ou 24x30, longitudinal e panorâmico. DFoFi 100 cm, com bucky.

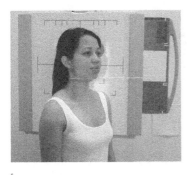
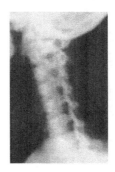

Indicações
Fraturas e doenças ósseas.

Coluna Cervical - Perfil

De preferência, colocar o paciente em pé com os membros estendidos ao longo do corpo. Posicionar o paciente em perfil absoluto, com o PMC sobre a LCE. Colocar o topo do chassi 5 cm acima da MAE. Solicitar ao paciente para relaxar e abaixar ao máximo os ombros, a fim de evitar superposição de imagem entre o ombro e as vértebras cervicais. Estender o queixo para frente. RC perpendicular à horizontal, na direção das vértebras C4 e C5. Chassi 24x30, longitudinal e panorâmico. DFoFi 100 cm, com bucky.

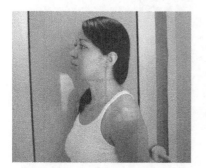
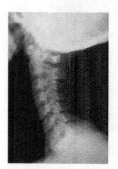

Coluna Cervical/Perfil de Nadador (Transição Cervicodorsal)

De preferência, colocar o paciente em pé. Alinhar o PMC sobre a LCE. Elevar o braço e o ombro o mais próximo da estativa (com a palma da mão sobre a cabeça) e, ligeiramente, para frente ou para trás. Estender o braço e o ombro oposto e também posicioná-los ligeiramente para frente ou para trás (para evitar sobreposição de imagem entre a cabeça dos úmeros). RC perpendicular à horizontal, na direção da vértebra T1 que está cerca de 4 cm acima da incisura jugular, perto da vértebra proeminente. Chassi 18x24, longitudinal e panorâmico. DFoFi 100 cm, com bucky.

| Indicação
Visualizar as vértebras C7 e T1.

Coluna Vertebral

Atlas e Áxis (Boca Aberta e Boca Fechada)

Colocar o paciente em pé ou deitado, com os membros superiores estendidos ao lado do corpo. Manter o PMS sobre a LCM. Orientar o paciente a não movimentar a cabeça e o corpo. Abrir bem a boca e conservar aberta durante a exposição. RC perpendicular à horizontal, na direção central da boca. Chassi 18x24, longitudinal e panorâmico. DFoFi 100 cm, com bucky.

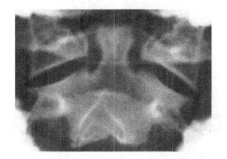

Indicações
Espaço vertebral, fratura e doenças ósseas.

Coluna Cervical - Hiperflexão

Colocar o paciente em pé, com o PMC sobre a LCE, na posição de perfil absoluto. Pedir ao paciente para flexionar a coluna cervical até tocar o tórax ou tanto quanto o paciente suportar. RC perpendicular à horizontal, na direção entre as vértebras C4 e C5. Chassi 18x24 ou 24x30, longitudinal e panorâmico. DFoFi 100 cm, com bucky.

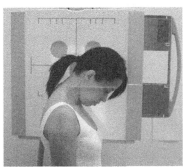
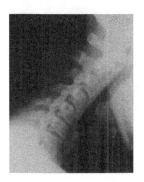

Indicação
Verificar mobilidade devido ao efeito chicote.

Coluna Cervical - Hiperextensão

Colocar o paciente em pé, com o PMC sobre a LCE, na posição de perfil absoluto. Colocar o topo do chassi 5 cm acima da MAE. Pedir ao paciente para estender a coluna cervical para trás o máximo possível. RC perpendicular à horizontal, na direção entre as vértebras C4 e C5. Chassi 18x24 ou 24x30, longitudinal e panorâmico. DFoFi 100 cm, com bucky.

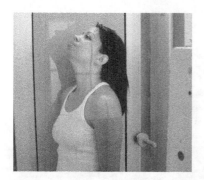
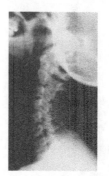

Indicação
Verificar mobilidade devido ao efeito chicote.

Coluna Cervical com Mastigação (Técnica de Ottonello)

Colocar o paciente em pé ou deitado, com o PMS sobre a LCE ou a LCM. Pedir ao paciente para executar uma sequência de abrir e fechar a boca, ao mesmo tempo em que se dispara o feixe de raios X, usando um tempo de exposição longo (seis segundos). RC perpendicular à horizontal, na direção central da boca. Chassi 18x24, longitudinal e panorâmico. DFoFi 100 cm, com bucky.

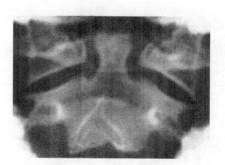

Indicação
Verificar possíveis patologias próximas das vértebras C1 e C2.

Coluna Vertebral

Vértebra Torácica

1. Facetas (local em que se articulam as costelas)
2. Corpo
3. Processo transverso
4. Forame vertebral
5. Processo espinhoso
6. Pedículo

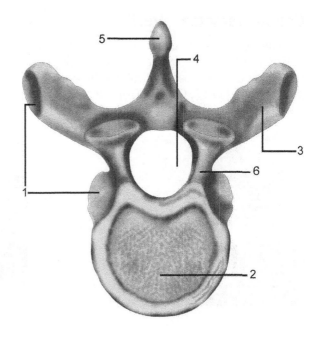

Coluna Torácica - AP

Colocar o paciente em pé ou deitado, com o PMS sobre a LCE ou a LCM. Quando em decúbito dorsal, flectir os joelhos para diminuir a curvatura torácica. RC perpendicular entre 8 e 10 cm da incisura jugular, aproximadamente, perto da vértebra T7. Chassi 30x40, longitudinal e panorâmico. DFoFi 100 cm, com bucky e sem apneia.

Indicações
Fraturas e doenças ósseas.

Coluna Torácica - Perfil

Colocar o paciente em pé ou deitado na posição de perfil absoluto. Manter o PMC sobre a LCE ou a LCM. Elevar os braços sobre a cabeça e colocar as apófises espinhosas 4 cm atrás da LCE ou LCM. RC perpendicular entre 8 e 10 cm da incisura jugular, aproximadamente, perto da vértebra T7. Chassi 30x40, longitudinal e panorâmico. DFoFi 100 cm, com bucky e sem apneia.

Indicações
Fraturas, cifose e doenças ósseas.

Coluna Torácica - Oblíqua

Colocar o paciente em pé ou deitado, com o PMS a 45° em relação à LCE. Utilizar o mesmo critério de posicionamento em oblíquas anteriores e posteriores. RC perpendicular entre as vértebras T6 e T7. Chassi 30x40 ou 35x43, longitudinal e panorâmico. DFoFi 100 cm, com bucky e sem apneia.

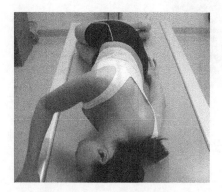
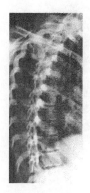

Coluna Vertebral

Transição Dorsolombar - AP

Colocar o paciente em decúbito dorsal, com o PMS sobre a LCM. Pedir para flectir os joelhos para diminuir a curvatura vertebral. RC perpendicular, 2 cm abaixo do apêndice xifoide, localizado com cilindro de extensão. Chassi 18x24, longitudinal e panorâmico. DFoFi 100 cm, com bucky e sem apneia.

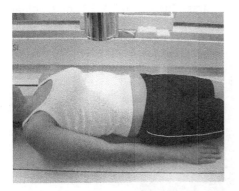
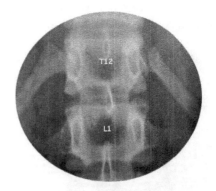

Transição Dorsolombar - Perfil

Colocar o paciente em decúbito lateral, com o PMC sobre a LCM. Pedir para flectir os joelhos e colocar as apófises espinhosas 4 cm atrás da LCM. RC perpendicular, na direção de 2 cm abaixo do processo xifoide. Chassi 18x24, longitudinal e panorâmico. DFoFi 100 cm, com bucky e sem apneia.

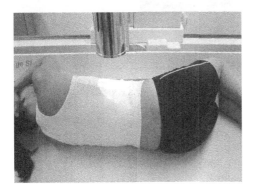
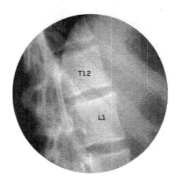

Coluna para Escoliose (Inclinação para a Direita e para a Esquerda)

Colocar o paciente em pé, com os membros superiores estendidos ao lado do corpo. No início do posicionamento, colocar o PMS sobre a LCE. A partir dessa posição, inclinar a coluna vertebral para o lado direito e depois para o lado esquerdo o máximo possível. RC perpendicular à horizontal, na direção central do filme. Chassi 30x40 ou 35x43, longitudinal e panorâmico. DFoFi 100 cm, com bucky e sem apneia.

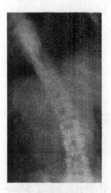

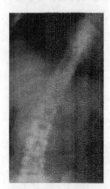

Indicação
Verificar mobilidade lateralmente.

Coluna Vertebral

Vértebra Lombar

1. Processo espinhoso
2. Forame vertebral
3. Corpo
4. Processo costiforme
5. Processo e faceta articulares superiores
6. Pedículo

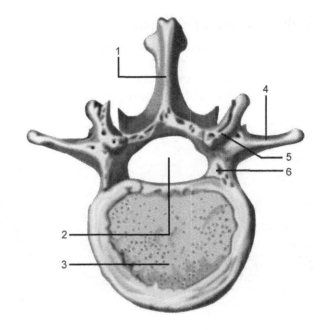

Coluna Lombar - AP

Colocar o paciente em decúbito dorsal ou ortostático, com o PMS sobre a LCM. Estender os membros superiores ao lado do corpo. Pedir ao paciente para flectir os joelhos a fim de diminuir a curvatura lombar. RC perpendicular, na direção de 2 a 3 cm acima da crista ilíaca, aproximadamente na altura da vértebra L3. Chassi 24x30 ou 30x40, longitudinal e panorâmico. DFoFi 100 cm, com bucky e sem apneia.

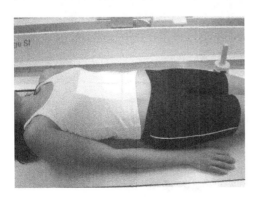

Indicações
Fraturas, escoliose e doenças ósseas.

Coluna Lombar - Perfil

Colocar o paciente em decúbito lateral, com o PMC sobre a LCM, e colocar as apófises espinhosas 4 cm atrás da LCM e os membros superiores sobre a cabeça. RC perpendicular, na direção de 2 a 3 cm acima da crista ilíaca. Chassi 24x30 ou 30x40, longitudinal e panorâmico. DFoFi 100 cm, com bucky e sem apneia.

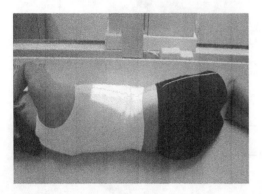
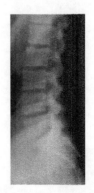

Indicações
Fraturas, espondilolistese e doenças ósseas.

Coluna Lombar - Oblíqua

Colocar o paciente em decúbito dorsal. Girar o corpo a 45° de modo que a coluna lombar esteja sobre a LCM. Utilizar o mesmo critério de posicionamento para oblíqua anterior e posterior. RC perpendicular, a meio caminho entre a crista ilíaca e a margem costal inferior. Chassi 30x40, longitudinal e panorâmico. DFoFi 100 cm, com bucky e sem apneia.

Coluna Vertebral

Coluna Lombar - Perfil (Hiperflexão)

Colocar o paciente em decúbito lateral, com o PMC sobre a LCM. Pedir para flectir os joelhos e elevar o mais próximo possível do tórax. Orientar o paciente para puxar as pernas. Colocar a extremidade inferior do filme aproximadamente 3 a 4 cm abaixo da crista ilíaca. Colocar as apófises espinhosas 4 cm atrás da LCM. RC perpendicular, na direção central do filme. Chassi 30x40 ou 35x43, longitudinal e panorâmico. DFoFi 100 cm, com bucky e sem apneia.

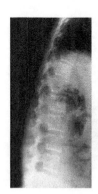

Coluna Lombar - Perfil (Hiperextensão)

Colocar o paciente em decúbito lateral, com o PMC sobre a LCM. Pedir ao paciente para estender o tronco e as pernas para trás o máximo possível. Utilizar a pelve como suporte. Colocar a extremidade inferior do filme 3 a 4 cm abaixo da crista ilíaca e as apófises espinhosas 4 cm atrás da LCM. RC perpendicular, na direção central do filme. Chassi 30x40 ou 35x43, longitudinal e panorâmico. DFoFi 100 cm, com bucky e sem apneia.

Indicação
Verificar mobilidade em um local de fusão vertebral.

Articulação L5/S1 - AP

Colocar o paciente em decúbito dorsal, com o PMS sobre a LCM. Pedir para flectir os joelhos e apoiar a região plantar dos pés sobre a mesa, a fim de diminuir a curvatura lombar. Manter os membros superiores estendidos ao lado do corpo. RC angulado 25°, cefálico, 5 cm acima do púbis. Chassi 18x24 ou 24x30, longitudinal e panorâmico. DFoFi 100 cm, com bucky.

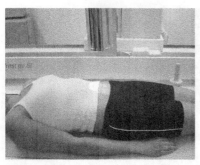
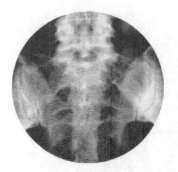

Indicações
Fraturas e doenças ósseas.

Articulação L5/S1 - Perfil

Colocar o paciente em decúbito lateral, com o PMC sobre a LCM. Pedir para flectir os joelhos e colocar os pés um sobre o outro. Elevar os membros superiores sobre a cabeça, um de cada lado. RC perpendicular, na direção de 5 cm acima do púbis. Chassi 18x24 ou 24x30, longitudinal e panorâmico. DFoFi 100 cm, com bucky.

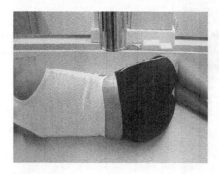
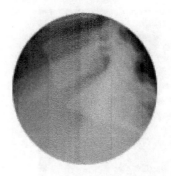

Indicação
Espondilolistese.

Coluna Vertebral

Sacro

1. Superfície articular lombossacral
2. Vértebras soldadas
3. Sacro
4. Cóccix
5. Base do sacro
6. Asa
7. Forame sacral
8. Ápice do sacro

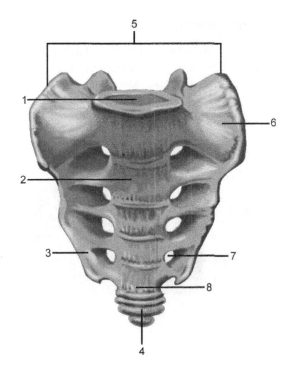

Sacro - AP

Colocar o paciente em decúbito dorsal, com o PMS sobre a LCM. Pedir para estender os membros superiores ao lado do corpo. Colocar uma almofada abaixo dos joelhos. Estender as pernas em rotação Ferguson. RC angulado a 15°, cefálico, na direção de 5 cm acima do púbis. Chassi 18x24 ou 24x30, longitudinal e panorâmico. DFoFi 100 cm, com bucky.

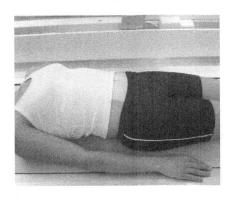
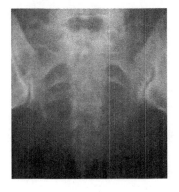

Indicações
Fraturas e doenças ósseas.

Sacro - Perfil

Colocar o paciente em decúbito lateral, com o corpo do sacro sobre a LCM. Pedir ao paciente para flectir os joelhos e colocar os pés um ao lado do outro. RC perpendicular, 5 cm adiante e abaixo das EIAS. Chassi 18x24 ou 24x30, longitudinal e panorâmico. DFoFi 100 cm, com bucky.

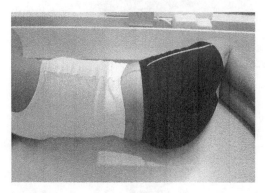
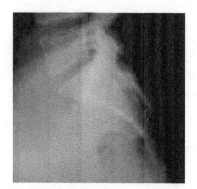

Indicações
Fraturas e doenças ósseas.

Cóccix - AP

Colocar o paciente em decúbito dorsal, com o PMS sobre a LCM. Estender as pernas em rotação Ferguson e apoiar os joelhos em uma almofada. Deixar os membros superiores estendidos ao lado do corpo. RC angulado 10°, caudal, 5 cm acima do púbis. Chassi 18x24 ou 24x30, longitudinal e panorâmico. DFoFi 100 cm, com bucky.

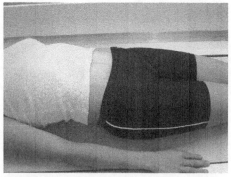
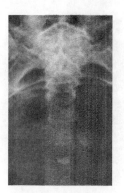

Indicações
Fraturas e doenças ósseas.

ESQUELETO AXIAL

Coluna Vertebral

Cóccix - Perfil

Colocar o paciente em decúbito lateral, com o corpo do cóccix sobre a LCM. Flectir os joelhos e colocar os pés um ao lado do outro. RC perpendicular, na direção de 5 cm adiante e abaixo das EIAS. Chassi 18x24 ou 24x30, longitudinal e panorâmico. DFoFi 100 cm, com bucky.

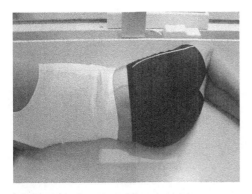 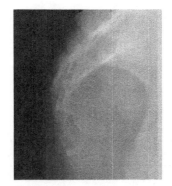

Indicações
Fraturas e doenças ósseas.

Esqueleto Axial

Coluna Vertebral

Anotações

Tronco Pulmonar

Costelas

As costelas têm a função de proteger os pulmões, o coração e alguns vasos sanguíneos. Dividem-se da seguinte forma: da primeira à sétima denominam-se verdadeiras, da oitava à décima são chamadas de falsas e a 11ª e a 12ª são conhecidas como flutuantes.

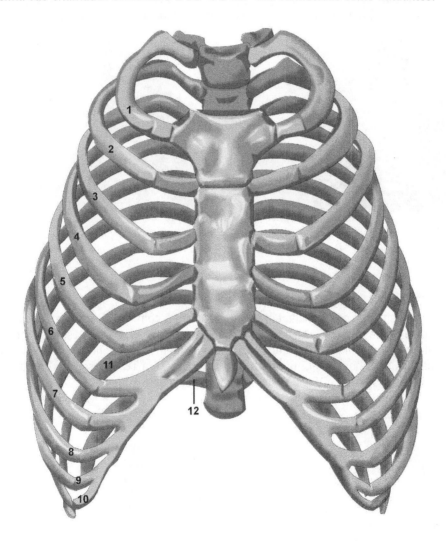

Costelas - AP

Colocar o paciente, de preferência, em pé, na posição AP com o PMS sobre a LCE. Rodar os ombros para frente para evitar sobreposição das escápulas às costelas (essa incidência consiste em verificar o lado posterior). Estender os membros superiores ao lado do corpo. RC perpendicular à horizontal, na direção próxima às vértebras T7 e T8. Chassi 35x35 ou 35x43, transversal e panorâmico. DFoFi 100 cm, com bucky e sem apneia.

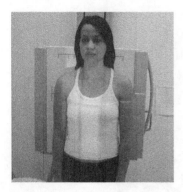
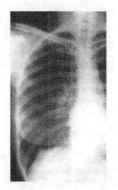

Indicações
Fraturas e outros.

Costelas - PA

Colocar o paciente, de preferência, em pé, na posição PA com o PMS sobre a LCE. Rodar os ombros para frente a fim de evitar sobreposição das escápulas às costelas. Essa incidência tem o intuito de verificar o lado anterior. Estender os membros superiores ao lado do corpo. RC perpendicular à horizontal, na altura das vértebras T7 e T8. Chassi 35x35 ou 35x43, transversal e panorâmico. DFoFi 100 cm, com bucky e sem apneia.

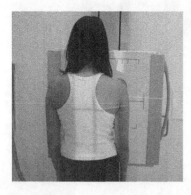
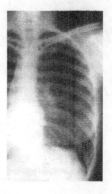

Tronco Pulmonar

Costela Oblíqua - Anterior Esquerda

Colocar o paciente, de preferência, em pé, com o PMS a 45° em relação à LCE. Pedir ao paciente para encostar o lado anterior na estativa. Elevar um braço sobre a cabeça e apoiar a face palmar do outro na cintura. RC perpendicular à horizontal, na altura das vértebras T7 e T8. Chassi 30x40 ou 35x35, longitudinal e panorâmico. DFoFi 100 cm, com bucky e sem apneia.

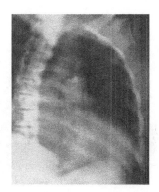

Costela Oblíqua - Posterior Direita

Colocar o paciente, de preferência, em pé, com o PMS a 45° em relação à LCE. Pedir para encostar o lado posterior na estativa. Elevar um braço sobre a cabeça e apoiar a face palmar do outro na cintura. RC perpendicular à horizontal, na altura das vértebras T7 e T8. Chassi 30x40 ou 35x35, longitudinal e panorâmico. DFoFi 100 cm, com bucky e sem apneia.

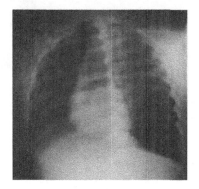

Esterno

1 Incisura jugular do esterno
2 Manúbrio
3 Corpo
4 Incisura: local onde se fixam as costelas ao esterno
5 Processo xifoide

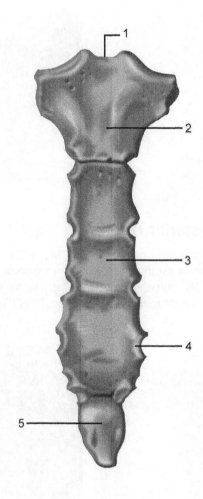

Tronco Pulmonar

Esterno - Oblíqua (OAD)

De preferência, colocar o paciente em pé, com o PMS de 15° a 20° em relação à LCE, de modo que o esterno e a coluna dorsal estejam um ao lado do outro. Colocar o chassi cerca de 4 cm acima da incisura jugular. RC perpendicular à horizontal, na direção central do corpo do esterno. Chassi 24x30 ou 30x40, longitudinal e panorâmico. DFoFi 100 cm, com bucky.

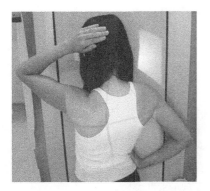 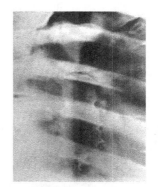

Indicações
Fraturas, inflamações e doenças ósseas.

Esterno - Perfil

Colocar o paciente, de preferência, em pé, na posição de perfil absoluto. Alinhar o corpo do esterno à LCE. Pedir ao paciente para colocar os braços para trás, a fim de evitar sobreposição de imagem. Ajustar o topo do chassi 4 cm acima da incisura jugular. RC perpendicular à horizontal, na direção central do corpo do esterno. Chassi 24x30 ou 30x40, longitudinal e panorâmico. DFoFi 100 cm, com bucky.

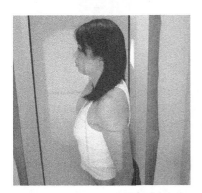 

Tórax: Pulmões

1 Lobo superior
2 Brônquio principal direito
3 Fissura horizontal
4 Lobo médio
5 Fissura oblíqua
6 Lobo inferior
7 Lobo superior
8 Brônquio principal esquerdo
9 Língula
10 Lobo inferior
11 Fissura oblíqua

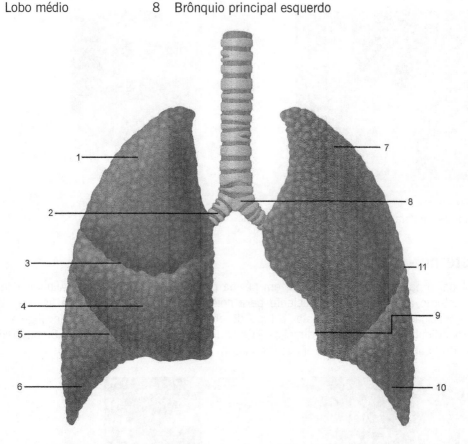

O ar entra em cada pulmão, vindo da traqueia por um tubo conhecido como brônquio. No pulmão o brônquio se ramifica até atingir minúsculas bolsas denominadas alvéolos, nas quais o oxigênio passa para a corrente sanguínea, enquanto o dióxido de carbono faz o trajeto oposto.

O pulmão direito tem três lobos, sendo maior que o esquerdo, que tem apenas dois. A pleura é uma membrana dupla que envolve e protege os pulmões. Já o diafragma é uma lâmina muscular que separa o tórax do abdome; utilizado na respiração.

Tronco Pulmonar

Tórax - AP

Colocar o paciente em pé com a parte posterior do tórax em contato com a estativa. Manter o PMS sobre a LCE. Rodar os ombros para frente a fim de evitar sobreposição das escápulas ao tórax. RC perpendicular à horizontal, na altura das vértebras T7 e T8. Chassi 35x35 ou 35x43, transversal e panorâmico. DFoFi 180 cm, com bucky e apneia profunda.

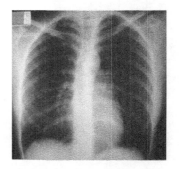

Indicações
Doenças nos pulmões, diafragma e mediastino.

Tórax - PA

Colocar o paciente, de preferência, em pé, com o parte anterior do tórax em contato com a estativa e o PMS sobre a LCE. Rodar os ombros para frente a fim de evitar sobreposição das escápulas ao tórax. RC perpendicular à horizontal, na altura das vértebras T7 e T8. Chassi 35x35 ou 35x43, transversal e panorâmico. DFoFi 180 cm, com bucky e apneia profunda.

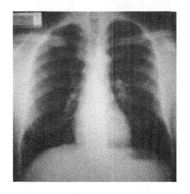

Indicações
Pneumotórax, derrame pleural e infecções.

Tórax - Perfil

Colocar o paciente, de preferência, em pé, na posição de perfil absoluto. Elevar os braços sobre a cabeça e manter o lado afetado do tórax em contato com a estativa. Deixar o PMC sobre a LCE. RC perpendicular à horizontal, na direção das vértebras T7 e T8. Chassi 30x40 ou 35x35, longitudinal e panorâmico. DFoFi 180 cm, com bucky e apneia profunda.

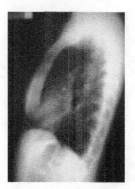

Indicações
Doenças localizadas atrás do coração.

Tórax Lordótica - AP

Colocar o paciente em pé, inicialmente com o PMS afastado 30 cm da LCE. Pedir ao paciente para reclinar o corpo para trás de modo que encoste apenas a parte posterior do pescoço e os ombros na estativa. RC perpendicular à horizontal, na direção central do esterno. Chassi 30x40, transversal e panorâmico. DFoFi 180 cm, com bucky e apneia profunda.

Indicações
Calcificações e outras patologias sob as clavículas.

Tórax - Decúbito Lateral (para Pesquisa de Derrame Pleural)

Colocar o paciente em decúbito lateral, com o lado afetado para baixo sobre uma almofada. Pedir ao paciente para encostar a parte posterior na estativa. Elevar os braços sobre a cabeça e flectir os joelhos a fim de manter o equilíbrio do paciente na posição. RC perpendicular à horizontal, na direção das vértebras T7 e T8. Chassi 30x40 ou 35x35, longitudinal e panorâmico. DFoFi 180 cm, com bucky e apneia profunda.

 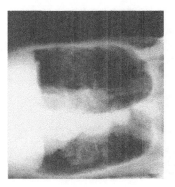

Indicações
Derrame pleural e pneumotórax na cavidade pleural.

Tórax - Decúbito Lateral (para Pesquisa de Pneumotórax)

Colocar o paciente em decúbito lateral sobre uma almofada, com o lado afetado para cima. Pedir ao paciente para encostar a parte posterior na estativa. Elevar os braços sobre a cabeça e flectir os joelhos a fim de manter o equilíbrio do paciente na posição. RC perpendicular à horizontal, na direção das vértebras T7 e T8. Chassi 30x40 ou 35x35, longitudinal e panorâmico. DFoFi 180 cm, com bucky e apneia profunda.

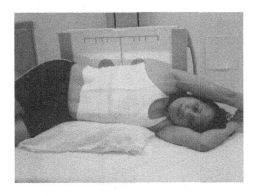 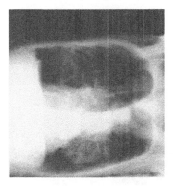

Tórax - Oblíqua Anterior Direita

Colocar o paciente, de preferência, em pé, com o PMS a 45° em relação à LCE. Pedir ao paciente para encostar o lado anterior direito do tórax na estativa. Elevar o braço esquerdo sobre a cabeça e deixar o direito com a face palmar na cintura. RC perpendicular à horizontal, na direção da espinha da escápula do lado afetado. Chassi 30x40 ou 35x35, longitudinal e panorâmico. DFoFi 180 cm, com bucky e apneia profunda.

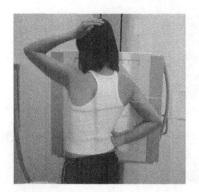
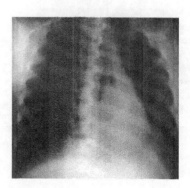

Indicações
Tamanho e contornos do coração, mediastino, traqueia e outros.

Tórax - Oblíqua Anterior Esquerda

Colocar o paciente, de preferência, em pé, com o PMS a 45° em relação à LCE. Pedir ao paciente para encostar o lado anterior esquerdo do tórax na estativa. Elevar o braço direito sobre a cabeça e manter o esquerdo com a face palmar na cintura. RC perpendicular à horizontal, na direção da espinha da escápula do lado afetado. Chassi 30x40 ou 35x35, longitudinal e panorâmico. DFoFi 180 cm, com bucky e apneia profunda.

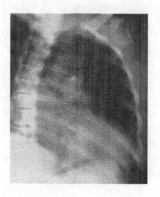

Tórax - Oblíqua Posterior Direita

Colocar o paciente, de preferência, em pé, com o PMS a 45° em relação à LCE. Pedir ao paciente para encostar o lado posterior direito do tórax na estativa. Elevar o braço direito e deixar o esquerdo com a face palmar na cintura. RC perpendicular à horizontal, na direção das vértebras T7 e T8. Chassi 30x40 ou 35x35, longitudinal e panorâmico. DFoFi 180 cm, com bucky e apneia profunda.

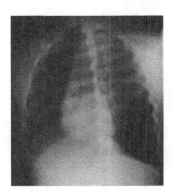

Tórax - Oblíqua Posterior Esquerda

Colocar o paciente, de preferência, em pé, com o PMS a 45° em relação à LCE. Pedir para encostar o lado posterior esquerdo do tórax na estativa. Elevar o braço esquerdo e manter a face palmar do direito na cintura. RC perpendicular à horizontal, na direção das vértebras T7 e T8. Chassi 30x40 ou 35x35, longitudinal e panorâmico. DFoFi 180 cm, com bucky e apneia.

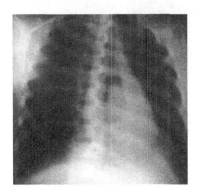

Ápice Axial

Colocar o paciente em decúbito ventral, com o PMS sobre a LCM. Manter os membros superiores estendidos ao longo do corpo. Estender a coluna cervical para trás. RC angulado 25°, cefálico, na direção da quinta vértebra dorsal. Chassi 24x30, transversal e panorâmico. DFoFi 100 cm, com bucky e apneia profunda.

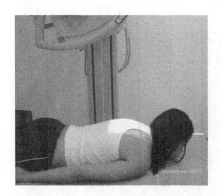
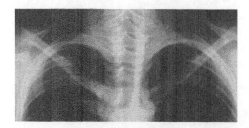

Cúpulas Diafragmáticas - AP

Colocar o paciente em pé, na posição AP, com o PMS sobre a LCE. Estender os membros superiores ao lado do corpo. RC perpendicular à horizontal, na direção do processo xifoide. Chassi 30x40, transversal e panorâmico. DFoFi 100 cm, com bucky e apneia profunda.

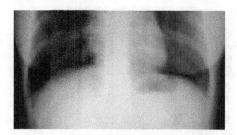

Abdome

1 Vesícula biliar
2 Bulbo duodenal
3 Flexura hepática direita do colo
4 Jejuno
5 Colo ascendente
6 Intestino delgado
7 Esfíncteres
8 Ânus
9 Fígado
10 Estômago
11 Pâncreas
12 Flexura esplênica esquerda do colo
13 Colo transverso
14 Colo descendente
15 Reto

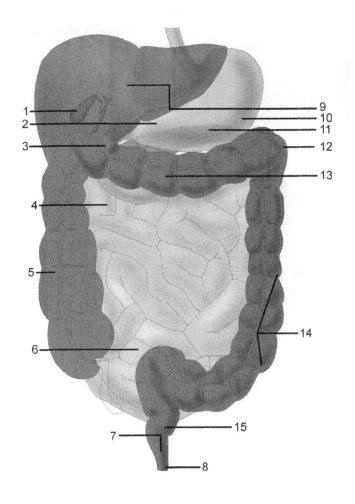

Abdome

Regiões e Planos do Abdome

1. Hipocôndrio direito
2. Epigástrio
3. Hipocôndrio esquerdo
4. Região lombar direita
5. Umbilical
6. Região lombar esquerda
7. Inguinal (ilíaca direita)
8. Região hipogástrica
9. Inguinal (ilíaca esquerda)

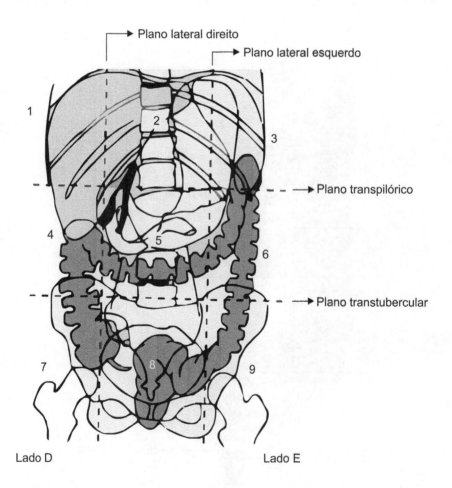

Abdome

Estômago: Posições e Contorno

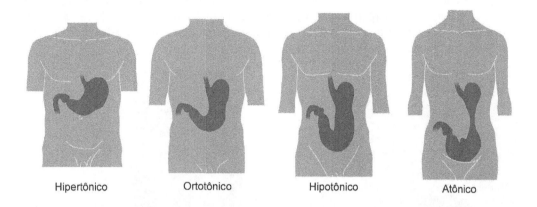

Hipertônico   Ortotônico   Hipotônico   Atônico

Abdome Simples - AP

Colocar o paciente em decúbito dorsal, com o PMS sobre a LCM. Estender os membros superiores ao lado do corpo e os membros inferiores em rotação Ferguson. RC perpendicular 5 cm acima da crista ilíaca, de modo que a borda inferior do chassi fique próxima à sínfise púbica. Chassi 30x40 ou 35x43, longitudinal e panorâmico. DFoFi 100 cm, com bucky e sem apneia.

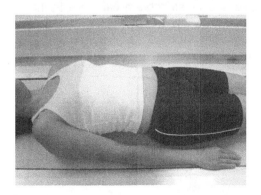
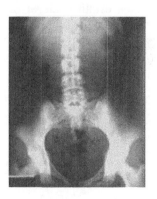

Indicações
Obstrução intestinal, calcificações, neoplasias e outros.

Abdome Ortostático

Colocar o paciente em pé, com o PMS sobre a LCE. Estender os membros superiores ao lado do corpo. RC perpendicular à horizontal, 5 cm acima da crista ilíaca, de modo que a borda inferior do chassi fique próxima à sínfise púbica. Chassi 30x40 ou 35x43, longitudinal e panorâmico. DFoFi 100 cm, com bucky e sem apneia.

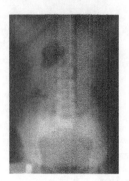

Indicações
Níveis hidroaéreos, acúmulos de ar, massas e outros.

Abdome - Decúbito Lateral

Colocar o paciente em decúbito lateral sobre uma almofada. Pedir ao paciente para encostar a parte posterior na estativa. Elevar os membros superiores sobre a cabeça e flectir os joelhos para manter o equilíbrio do paciente na posição. RC perpendicular à horizontal, 5 cm acima da crista ilíaca, de modo que a borda inferior do chassi fique na altura da sínfise púbica. Chassi 30x40 ou 35x43, longitudinal e panorâmico. DFoFi 100 cm, com bucky e sem apneia.

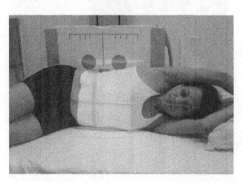
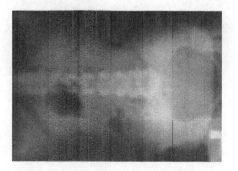

Indicações
Níveis hidroaéreos, massas abdominais, ar intraperitoneal e outros.

Crânio e Ossos da Face

Crânio

Anterior

1. Osso nasal
2. Face orbital do osso frontal
3. Sutura coronal
4. Processo frontal do osso zigomático
5. Lâmina perpendicular do etmoide
6. Forame infraorbitário
7. Protuberância mentual da mandíbula
8. Glabela
9. Frontal
10. Osso parietal
11. Osso temporal
12. Processo temporal do osso zigomático
13. Ramo da mandíbula
14. Vômer
15. Forame mentual da mandíbula

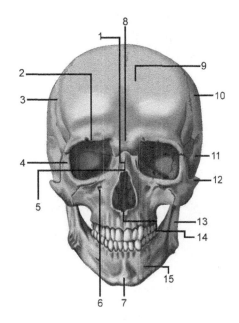

Lateral

1. Sutura coronal
2. Osso frontal
3. Osso nasal
4. Arco zigomático
5. Maxilar
6. Forame mental
7. Processo coronoide da mandíbula
8. Bregma
9. Osso parietal
10. Lambda
11. Osso occipital
12. Processo mastoide do osso temporal
13. Meato acústico externo (do osso temporal)
14. Fossa temporomandibular e ATM
15. Ramo da mandíbula

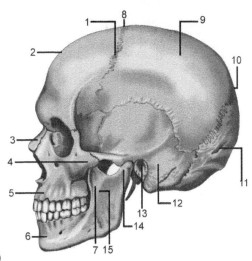

Esqueleto Axial

Crânio e Ossos da Face

Posterior
1. Sutura sagital
2. Sutura lambdoide
3. Osso parietal
4. Lambda
5. Osso occipital

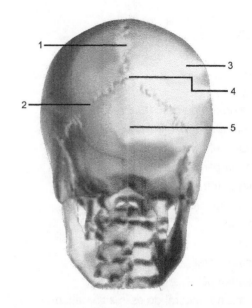

Linhas e Planos
1. Linha interorbitária
2. Linha infraorbitária
3. Plano mediossagital

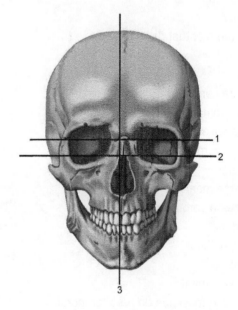

Crânio e Ossos da Face

Crânio - AP

Colocar o paciente em pé ou deitado, com os membros superiores estendidos ao lado do corpo. Deixar o PMS sobre a LCE ou a LCM e o PVO paralelo à mesa ou à estativa. RC perpendicular, na direção da glabela. Chassi 24x30, longitudinal e panorâmico. DFoFi 100 cm, com bucky.

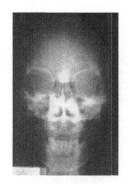

Indicações
Fraturas e doenças ósseas.

Crânio - Perfil

Colocar o paciente em pé ou em decúbito ventral, com a cabeça na posição de perfil absoluto, e o PMC sobre a LCM ou a LCE. Pedir ao paciente para não rodar ou inclinar a cabeça. Ajustar o queixo para deixar a LIOM perpendicular à borda frontal do chassi. RC perpendicular, 2 cm acima e adiante do CAE. Chassi 24x30, transversal e panorâmico. DFoFi 100 cm, com bucky.

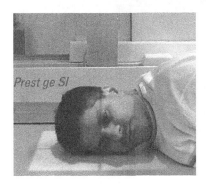

Indicações
Fraturas e doenças ósseas.

Crânio - PA (Método de Granger)

Colocar o paciente em decúbito ventral ou ortostático, com o nariz e a testa na mesa. Manter o PMS sobre a LCM ou a LCE. O PHA e o PVO sofrerão uma leve angulação. RC angulado paralelo ao PHA, 2 cm na direção da lambda, saindo na glabela. Chassi 24x30, longitudinal e panorâmico. DFoFi 100 cm, com bucky.

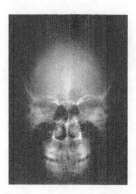

Crânio - PA (Método de Mahoney)

Colocar o paciente em pé ou em decúbito ventral, com o nariz e o mento em contato com a mesa, e o PMS sobre a LCM ou a LCE. O PHA e o PVO sofrem uma leve angulação. RC perpendicular, na direção da junção da sutura lambdoide, saindo na região infraorbitária. Chassi 24x30, longitudinal e panorâmico. DFoFi 100 cm, com bucky.

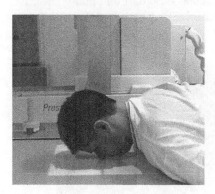
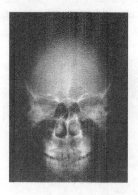

Crânio e Ossos da Face

Crânio - PA (Método de Fuc)

Colocar o paciente, de preferência, em decúbito ventral, com o nariz e o mento na mesa. Deixar o PMS sobre a LCM. O PVO e o PHA sofrem uma leve angulação. RC angulado 10°, cefálico, na direção do occipital, saindo acima da glabela. Chassi 24x30, longitudinal e panorâmico. DFoFi 100 cm, com bucky.

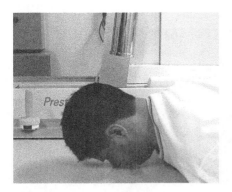
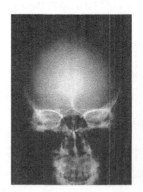

Crânio Towne Axial

Colocar o paciente em decúbito dorsal, com o PMS sobre a LCM. Pedir ao paciente para colocar o mento o mais próximo possível da fúrcula esternal. RC angulado 30°, caudal, na direção de 2 a 3 cm acima da glabela, saindo no centro do filme. Chassi 24x30, longitudinal e panorâmico. DFoFi 100 cm, com bucky.

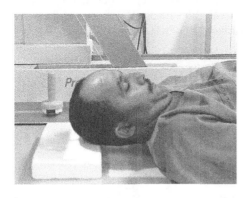
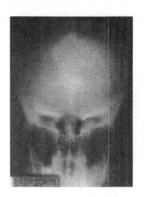

Indicações
Fraturas, doenças ósseas e processos neoplásicos.

Crânio Axial Hirtz (Submento Vértice)

Colocar o paciente em decúbito dorsal ou em pé. Apoiar a região dorsal posterior em uma almofada e estender a coluna cervical o máximo possível, de modo que o PVO fique perpendicular à mesa e o PHA o mais paralelo possível em relação à mesa. RC paralelo ao PVO, 4 cm atrás do mento, saindo na direção do bregma. Chassi 24x30, longitudinal e panorâmico. DFoFi 100 cm, com bucky.

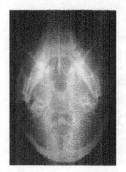

Indicações
Fratura na base do crânio e doenças ósseas.

Crânio Axial Hirtz (Vértice Submento)

Colocar o paciente em decúbito ventral, estender a coluna cervical o máximo possível e apoiar o mento na mesa. Posicionar o crânio de modo que o PVO esteja o mais perpendicular possível e o PHA o mais paralelo possível. RC paralelo ao PVO, na direção do bregma, saindo no submento. Chassi 24x30, longitudinal e panorâmico. DFoFi 100 cm, com bucky.

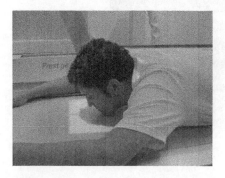
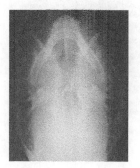

Indicações
Fratura na base do crânio e doenças ósseas.

Crânio e Ossos da Face

Crânio (Método de Worw)

Colocar o paciente em decúbito dorsal, com o PMS sobre a LCM, o PVO paralelo à mesa e o PHA perpendicular à mesa. RC angulado 35°, caudal, na direção do fronto parietal, saindo no occipital. Chassi 24x30, longitudinal e panorâmico. DFoFi 100 cm, com bucky.

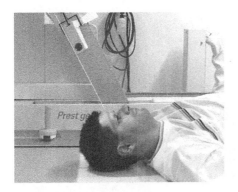
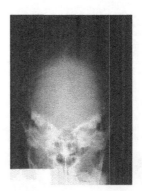

Crânio (Método de Alstchul)

Colocar o paciente em decúbito dorsal, com o PMS sobre a LCM, o PVO paralelo à mesa e o PHA perpendicular à mesa. RC angulado 40°, caudal, na direção do fronto parietal, saindo no occipital. Chassi 24x30, longitudinal e panorâmico. DFoFi 100 cm, com bucky.

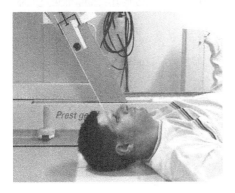
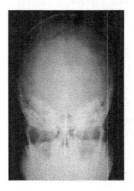

Crânio (Método de Bretton)

Colocar o paciente em decúbito dorsal, com o PMS sobre a LCM, o PVO paralelo à mesa e o PHA perpendicular à mesa. RC angulado 45°, caudal, na direção do fronto parietal, saindo no occipital. Chassi 24x30, longitudinal e panorâmico. DFoFi 100 cm, com bucky.

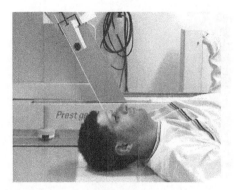
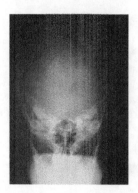

Canal Óptico 1 (Método de Rhese)

Colocar o paciente em decúbito ventral, com o canto inferoexterior da órbita afetada na LCM. O PMS vai formar um ângulo de 37° com a vertical e o PVO um ângulo de 53° em relação à mesa. RC perpendicular, na direção parietal do lado oposto, saindo no canto inferior da órbita afetada. Chassi 18x24, longitudinal e panorâmico. Utilizar cone de mastoide. DFoFi 100 cm, com bucky.

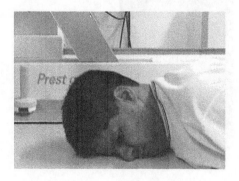
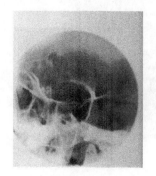

| Indicações
| Fratura e alteração óssea no forame óptico.

Crânio e Ossos da Face

Canal Óptico (Método de Waters Modificado)

Colocar o paciente em decúbito ventral. Estender a coluna cervical e apoiar o mento na mesa. Posicionar a cabeça de modo que a LOM forme um ângulo de 55° em relação ao filme. RC perpendicular, na direção central do filme (colocar o acântio no centro do filme). Chassi 18x24, longitudinal e panorâmico. DFoFi 100 cm, com bucky.

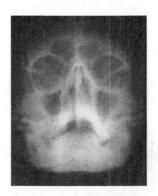

ATM - AP

Colocar o paciente em decúbito dorsal, com o PMS sobre a LCM. Manter o PVO paralelo ao plano da mesa e o PHA perpendicular à mesa. RC angulado 35°, caudal, na direção da ATM. Chassi 18x24, transversal e panorâmico. DFoFi 100 cm, com bucky.

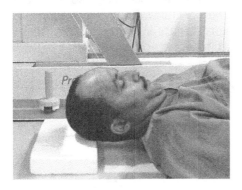
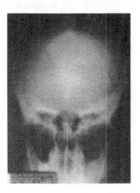

ATM - Axial Lateral Oblíqua (Método de Law Modificado)

Colocar o paciente em decúbito ventral, com o crânio na posição de perfil absoluto. A partir dessa posição, pedir ao paciente para rodar o crânio cerca de 15° na direção da mesa. RC angulado 15°, caudal, na direção da ATM afetada. Chassi 18x24, longitudinal e panorâmico. DFoFi 100 cm, com bucky. Nesse exame realizam-se duas incidências na mesma posição, sendo de boca aberta e de boca fechada.

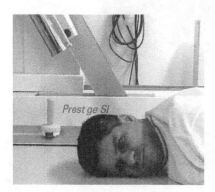
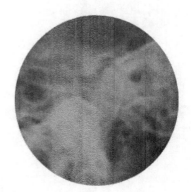

ATM - Oblíqua (Método de Schüller)

Colocar o paciente em decúbito ventral. Apoiar a face lateral do crânio na mesa, na posição de perfil absoluto, com o lado de interesse próximo do chassi. Manter o PMS paralelo à mesa e a LIOM perpendicular à borda frontal do chassi. Nessa incidência são realizadas duas radiografias na mesma posição: boca aberta e boca fechada. RC angulado 25 a 30°, caudal, na direção de 2,5 cm anterior e 5 cm acima da face superior da MAE. Chassi 18x24, longitudinal e panorâmico. DFoFi 100 cm, com bucky.

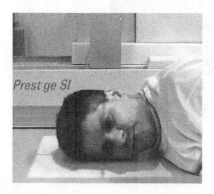
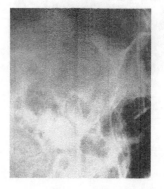

Crânio e Ossos da Face

Ossos da Face - PA (Método de Waters)

Colocar o paciente em decúbito ventral. Estender a coluna cervical e apoiar o queixo na mesa. Posicionar a cabeça até que a LMM esteja perpendicular à mesa e a LOM forme um ângulo de 37° com a mesa. RC perpendicular, na direção central do filme, saindo no acântio. Chassi 18x24, longitudinal e panorâmico. DFoFi 100 cm, com bucky.

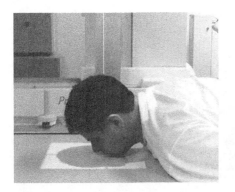 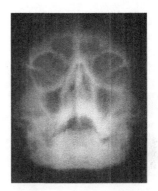

Indicações
Fraturas, doenças ósseas e processos neoplásicos.

Ossos da Face - Perfil

Colocar o paciente em decúbito ventral, apoiar a face lateral do crânio na mesa, com o lado de interesse próximo ao filme. Ajustar o PMS paralelo à LCM. Colocar o PMC sobre a LCM e ajustar o queixo para colocar a LIOM perpendicular à borda frontal do chassi. RC perpendicular, na direção do zigoma, entre o canto externo e o MAE. Chassi 18x24, longitudinal e panorâmico. DFoFi 100 cm, com bucky.

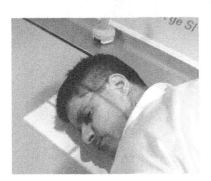 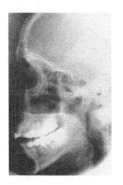

Indicações
Fraturas, doenças ósseas e processos neoplásicos.

Ossos da Face - PA (Método de Caldwell)

Colocar o paciente em decúbito ventral, apoiar a fronte e o nariz na mesa. Ajustar o queixo até que a LOM esteja perpendicular à mesa. Pedir ao paciente para não mover a cabeça. RC angulado 15°, caudal, na direção da sutura lambdoide, saindo no násio. Chassi 18x24, longitudinal e panorâmico. DFoFi 100 cm, com bucky.

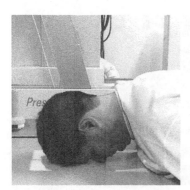
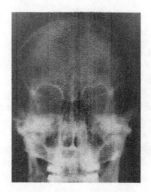

Arco Zigomático Hirtz (SMV) Posição 1 (Ortostático)

Colocar o paciente em pé ou em decúbito dorsal. Estender a coluna cervical o máximo possível até que a LIOM esteja paralela ao filme. Manter o PMS perpendicular em relação à LCM ou à LCE. RC perpendicular à horizontal, entre os arcos zigomáticos, 4 cm abaixo da sínfise mandibular. Chassi 18x24, transversal e panorâmico. DFoFi 100 cm, com bucky.

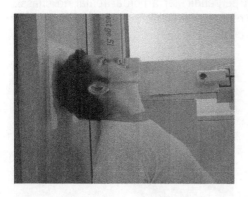
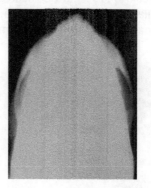

Indicações
Fraturas, doenças ósseas e processos neoplásicos.

Crânio e Ossos da Face

Posição 2 (Decúbito Dorsal)

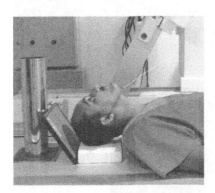
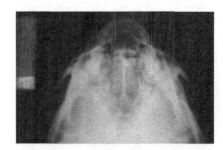

Arco Zigomático (Método de Waters)

Colocar o paciente em decúbito ventral. Estender a coluna cervical e apoiar o queixo na mesa. Posicionar o crânio até que a LMM esteja perpendicular à mesa e a LOM forme um ângulo de 37° com a mesa. Centralizar o chassi no acântio. RC perpendicular, na direção central do chassi. Chassi 18x24, transversal e panorâmico. DFoFi 100 cm, com bucky.

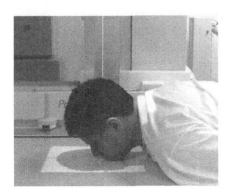
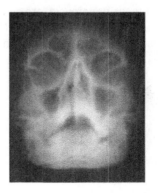

Crânio e Ossos da Face

Arco Zigomático - Axial AP (Método de Towne Modificado)

Colocar o paciente em decúbito dorsal, com a face posterior do crânio sobre a LCM. Flexionar a coluna cervical até que a LOM esteja perpendicular à mesa. RC angulado 30°, caudal, 2 a 3 cm acima da glabela. Chassi 18x24, transversal e panorâmico. DFoFi 100 cm, com bucky.

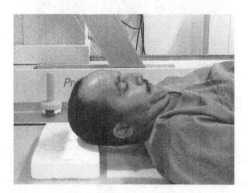
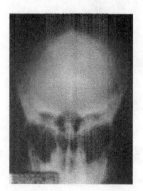

Arco Zigomático - Perfil

Colocar o paciente, de preferência, em decúbito ventral, com a face lateral do arco zigomático afetado encostada na mesa. Manter o PMS paralelo à LCM e ajustar o queixo para deixar a LIOM perpendicular à borda frontal do chassi. RC perpendicular, na direção central do zigoma. Chassi 18x24, longitudinal e panorâmico. DFoFi 100 cm, com bucky.

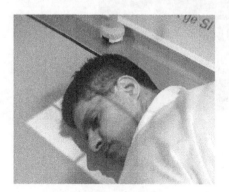
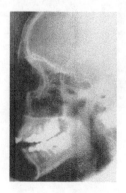

Crânio e Ossos da Face

Seios Paranasais - PA (Método de Caldwell)

Colocar o paciente em decúbito ventral, apoiar o nariz e a fronte do paciente na LCM, de modo que a LOM esteja perpendicular à mesa. Pedir ao paciente para não mover a cabeça durante a exposição. RC angulado 15°, caudal, na direção da sutura lambdoide, saindo no násio. Chassi 18x24, longitudinal e panorâmico. DFoFi 100 cm, com bucky. Localizar com cilindro de extensão.

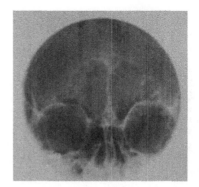

Seios Paranasais - PA (Método de Waters)

Colocar o paciente em decúbito ventral, estender a coluna cervical até encostar o queixo na LCM. Posicionar o crânio até que a LMM esteja perpendicular à mesa e a LOM forme um ângulo de 37° em relação à mesa. RC perpendicular, na direção central do chassi. Posicionar o acântio no centro do chassi. Chassi 18x24, longitudinal e panorâmico. DFoFi 100 cm, com bucky. Localizar com cilindro de extensão.

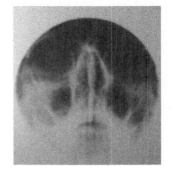

Indicações
Sinusite, osteomielite e outros.

Seios Paranasais - Perfil

Colocar o paciente em pé ou em decúbito ventral, apoiar a face lateral da cabeça na mesa, com o lado de interesse próximo ao filme. Posicionar a cabeça de modo que a LIOM esteja perpendicular à borda frontal do chassi e o PMS paralelo à LCM. RC perpendicular na direção do zigoma. Chassi 18x24, longitudinal e panorâmico. DFoFi 100 cm, com bucky. Localizar com cilindro de extensão.

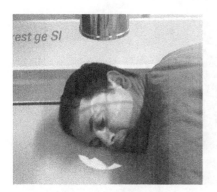
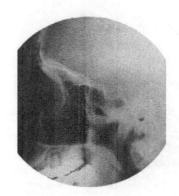

Seios Paranasais (Método de Hirtz)

Colocar o paciente em pé ou em decúbito dorsal. Estender a coluna cervical ao máximo até que o PMS esteja perpendicular à LCM ou à LCE. A LIOM deve estar o mais paralela possível à mesa. RC perpendicular à LIOM, 4 cm abaixo do mento. Chassi 18x24, longitudinal e panorâmico. DFoFi 100 cm, com bucky.

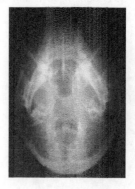

ESQUELETO AXIAL

Crânio e Ossos da Face

Mandíbula

Anterior

1 Dente
2 Processo coronoide
3 Ramo
4 Forame mentual
5 Cabeça do processo condilar
6 Protuberância mentual

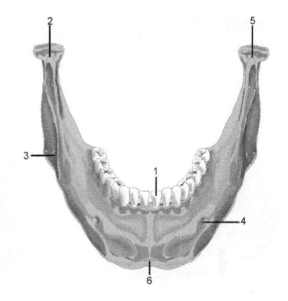

Lateral

1 Forame mentual
2 Ramo
3 Incisura da mandíbula
4 Cabeça do processo condilar
5 Processo coronoide
6 Dente

A mandíbula é o maior e mais forte osso da face e também o único osso móvel. Pode movimentar-se para frente e para trás, para cima e para baixo e lateralmente. O ramo é a parte à qual se ligam os músculos da mandíbula.

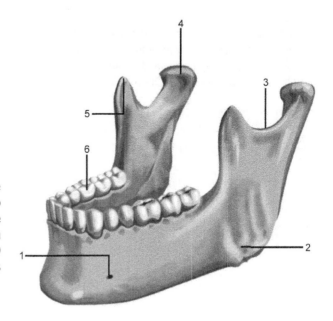

GUIA PRÁTICO DE RADIOLOGIA 133

Mandíbula - PA

Colocar o paciente em decúbito ventral, apoiar a fronte e o nariz na LCM e o PMS na LCM. RC perpendicular, na direção da junção dos lábios. Chassi 18x24, longitudinal e panorâmico. DFoFi 100 cm, com bucky.

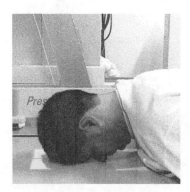
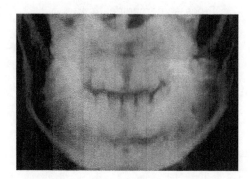

Mandíbula - Oblíqua

Colocar o paciente em decúbito ventral, com o lado afetado sobre a mesa. Manter a LIP perpendicular à mesa. Rodar a cabeça; o grau da oblíqua depende da região de interesse da mandíbula. Mandíbula lateral mostra melhor o ramo, mandíbula a 30° em relação à mesa exibe melhor o corpo e mandíbula a 45° em relação à mesa desenha melhor o mento. RC angulado a 25°, cefálico, na direção da área de interesse da mandíbula. Chassi 18x24, longitudinal e panorâmico. DFoFi 100 cm, com bucky.

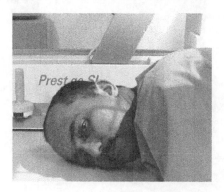
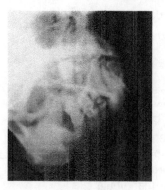

Crânio e Ossos da Face

Mandíbula - Oblíqua 45° para o Mento

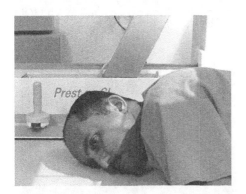
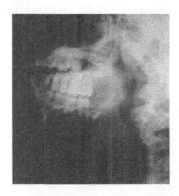

Mandíbula Axial - AP (Método de Towne)

Colocar o paciente em pé ou deitado, com o PMS sobre a LCM. Flexionar a coluna cervical até que o queixo encoste na fúrcula esternal e a LOM fique paralela ao filme. RC angulado 35 a 40°, caudal, na direção da glabela. Chassi 18x24, longitudinal e panorâmico. DFoFi 100 cm, com bucky.

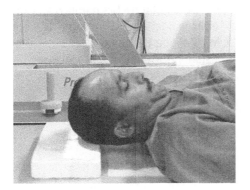
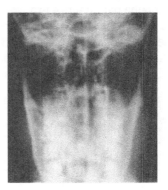

Mandíbula (Método de Hirtz)

Colocar o paciente em pé ou em decúbito dorsal. Estender a coluna cervical até que a LIOM esteja paralela à mesa. RC perpendicular à LIOM, 4 cm abaixo do mento. Chassi 18x24, longitudinal e panorâmico. DFoFi 100 cm, com bucky.

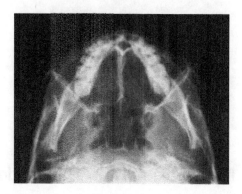

Mastoide Oblíqua Axiolateral (Método de Law)

Colocar o paciente em decúbito ventral, com a face lateral de interesse próxima do filme. Dobrar cada orelha para frente e fixar com uma fita adesiva. Manter o PMS paralelo à LCM. Inicialmente posicionar a cabeça em perfil absoluto, em seguida rodar a cabeça a 15° em relação à mesa. Ajustar a cabeça de modo que a LIOM esteja perpendicular à extremidade frontal do chassi. RC angulado 15°, caudal, 2,5 cm posterior e superior à parte superior do MAE. Chassi 18x24, longitudinal e panorâmico. DFoFi 100 cm, com bucky.

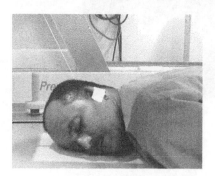
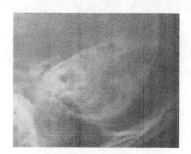

Crânio e Ossos da Face

Mastoide - Perfil Posterior (Método de Stenvers)

Colocar o paciente, de preferência, em decúbito ventral, com o lado de interesse próximo do filme. Rodar a cabeça a 45° em relação à mesa. Apoiar a fronte, o nariz e o zigoma na mesa. Centralizar o chassi entre o canto externo da órbita e o MAE. RC angulado 12°, cefálico, na direção central do filme. Chassi 18x24, longitudinal e panorâmico. DFoFi 100 cm, com bucky.

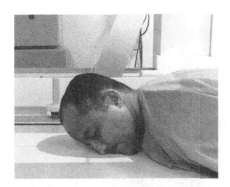
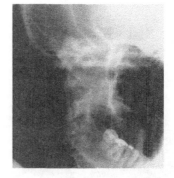

Indicações
Doenças na mastoide.

Mastoide Axial AP (Método de Towne)

Colocar o paciente em pé ou em decúbito dorsal. Flexionar a coluna cervical até que a LOM esteja perpendicular ao filme. Manter o PMS sobre a LCM. Orientar o paciente para não mover a cabeça durante a exposição. RC angulado 30°, caudal, em relação à LOM, 6 cm acima do násio. Chassi 18x24, longitudinal e panorâmico. DFoFi 100 cm, com bucky.

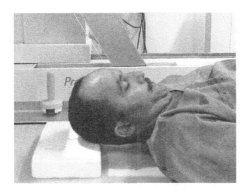
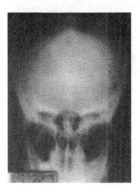

Mastoide Oblíqua Axioposterior (Método de Mayer)

Vista Lateral

Colocar o paciente em pé ou em decúbito dorsal. Rodar a cabeça 45° na direção do lado afetado. RC angulado 45°, caudal, 7,5 cm acima do arco superciliar. Chassi 18x24, longitudinal e panorâmico. DFoFi 100 cm, com bucky.

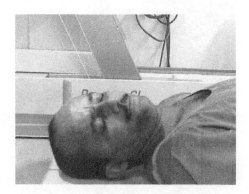
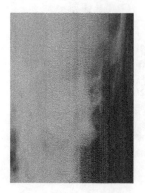

Vista Superior

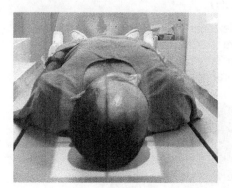

Crânio e Ossos da Face

Sela Turca Axial AP (Método de Towne)

Colocar o paciente em decúbito dorsal, com o PMS sobre a LCM. Ajustar o crânio de modo que a LIOM esteja perpendicular à mesa. RC angulado 30°, caudal, para visualizar o processo clinoide anterior e 37° para visualizar o processo clinoide posterior, ambos na direção de 4 cm acima da glabela. Chassi 18x24, longitudinal e panorâmico. DFoFi 100 cm, com bucky. Localizar com cone de mastoide.

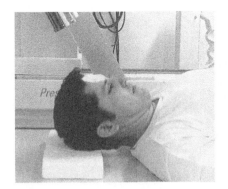
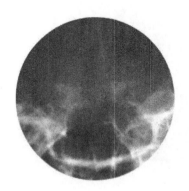

Indicações
Adenomas hipofisários.

Sela Turca - Perfil

Colocar o paciente em decúbito ventral, com a face lateral do crânio sobre a mesa. Ajustar o crânio de modo que o PMS esteja paralelo à mesa e a LIP perpendicular à mesa. RC perpendicular, 2 cm adiante e acima do MAE. Chassi 18x24, transversal e panorâmico. DFoFi 100 cm, com bucky. Localizar com cone de mastoide.

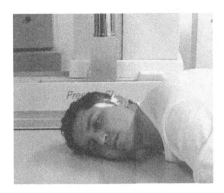
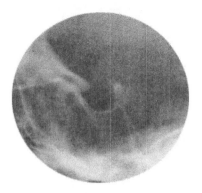

Dorso de Sela Turca - PA (Método de Haas)

Colocar o paciente em decúbito ventral, encostar o nariz e a fronte na mesa. Ajustar o crânio de modo que a LIOM esteja perpendicular à mesa. Orientar o paciente para não mover o crânio durante a exposição. RC angulado 25°, cefálico, na direção da base do occipital. Chassi 18x24, longitudinal e panorâmico. DFoFi 100 cm, com bucky. Localizar com cone de mastoide.

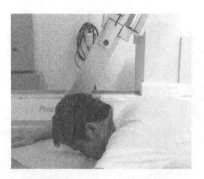
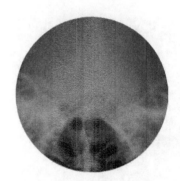

Indicações
Verificar dorso da sela, clinoides posteriores e forame magno.

Ossos Nasais - Perfil

Colocar o paciente, de preferência, em decúbito ventral, com a face lateral do crânio sobre a mesa, na posição de perfil absoluto. Orientar o paciente a não mover o crânio durante a exposição. Realizar duas radiografias, uma de cada lado do nariz. RC perpendicular, na direção central do corpo do nariz. Chassi 18x24; dividir em duas partes na transversal. DFoFi 100 cm, com ou sem bucky. Localizar com cone de mastoide.

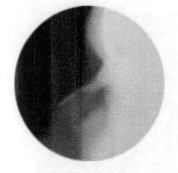

Indicação
Fratura do osso nasal.

Crânio e Ossos da Face

Ossos Nasais - Incidência Axial Tangencial

Colocar o paciente sentado ou em decúbito ventral. Estender a coluna cervical e apoiar o queixo sobre o chassi, o qual está com um apoio abaixo, de modo que a LGA esteja com angulação de aproximadamente 50 a 60°. RC paralelo à LGA, na direção do nariz. Chassi 18x24, transversal e panorâmico. DFoFi 100 cm, sem bucky.

Indicações
Fraturas e deslocamento lateral.

Ossos Nasais (Método de Waters)

Colocar o paciente, de preferência, em decúbito ventral, encostar a ponta do nariz e o mento na mesa. Posicionar o crânio de modo que a LMM esteja perpendicular à mesa e a LOM forme um ângulo de 37° com a mesa. Centralizar o chassi no acântio. RC perpendicular, na direção central do filme. Chassi 18x24, longitudinal e panorâmico. DFoFi 100 cm, com bucky. Localizar com cilindro de extensão.

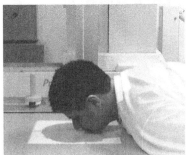
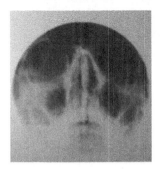

Indicações
Fraturas e deslocamento lateral.

Cavum - Boca Aberta

Colocar o paciente ortostático, na posição de perfil absoluto. Manter o PMS paralelo à LCE e o PVO perpendicular, 5 cm atrás da LCE. Nesse exame realizam-se duas radiografias: boca aberta e boca fechada. RC perpendicular, entrando na região da adenoide (ângulo da mandíbula). Chassi 18x24, longitudinal e panorâmico. DFoFi 100 cm, com bucky.

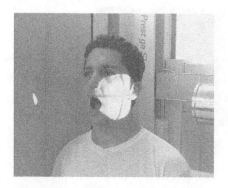

Cavum - Boca Fechada

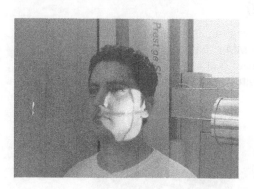
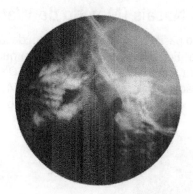

Bibliografia

BONTRAGER, L.K. **Tratado de Técnica Radiológica e Base Anatômica**. 5. ed. Rio de Janeiro: Guanabara, 2003. 814p.

FELISBERTO, M. **Livro de Bolso Radiologia Radiodiagnóstico**. 1. ed. São Paulo, 2005.

SOBOTTA. **Atlas de Anatomia.** 21. ed., vol. 2. Rio de Janeiro: Guanabara, 2000.

NOVARTIS MEDICAL EDUCATION. **Atlas Interativo de Anatomia Humana**. Porto Alegre: Artmed, 1999.

Marcas Registradas

Todos os nomes registrados, marcas registradas ou direitos de uso citados neste livro pertencem aos respectivos proprietários.